低聚木糖研究与应用

◎ 武书庚　信成夫　主编

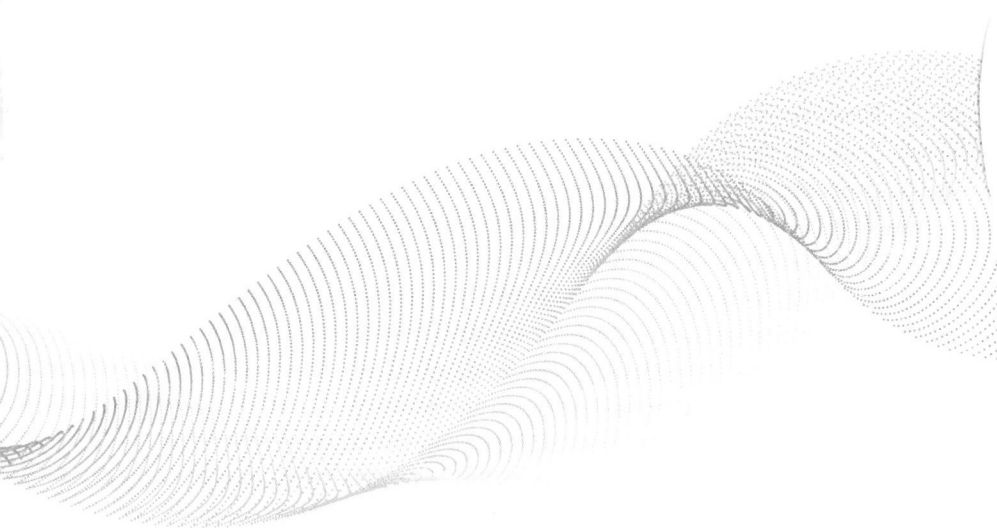

中国农业科学技术出版社

图书在版编目(CIP)数据

物联网+现代农业 / 折宝军，张瑞波，李悦主编. --北京：中国农业科学技术出版社，2023.5（2025.1重印）
　ISBN 978-7-5116-6264-4

Ⅰ.①物… Ⅱ.①折…②张…③李… Ⅲ.①物联网-应用-现代农业-研究-中国 Ⅳ.①F323

中国国家版本馆 CIP 数据核字（2023）第 073061 号

责任编辑　申　艳
责任校对　王　彦
责任印制　姜义伟　王思文

出版者	中国农业科学技术出版社 北京市中关村南大街 12 号　　邮编：100081
电　话	（010）82106636（编辑室）　　（010）82109702（发行部） （010）82109709（读者服务部）
网　址	http://www.castp.cn
经销者	各地新华书店
印刷者	中煤（北京）印务有限公司
开　本	140 mm×203 mm　1/32
印　张	5.5
字　数	140 千字
版　次	2023 年 5 月第 1 版　2025 年 1 月第 4 次印刷
定　价	25.60 元

◀━━ 版权所有·翻印必究 ━━▶

编委会

《物联网+现代农业》

主　编	折宝军	张瑞波	李　悦	
副主编	徐　丽	刘　妍	马庆智	曾　靖
	张全伟	高　敏		
编　委	李晓微	方　威	魏欣荣	靳　芹
	赵　雪	聂九英	何　浩	李燕兵
	冯晓霞	张　颖	张　洁	杨婕妤

前言

物联网是物物相连的互联网。物联网描绘了人类全新的信息活动场景，实现让所有的物体都与网络有时时刻刻、无处不在的连接。人们可以通过物联网对物体进行识别、定位、追踪、监控并触发相应事件，获得信息化的解决方案。

农业农村部印发的《"十四五"全国农业农村信息化发展规划》明确提到，到 2025 年智慧农业发展迈上新台阶，发展智慧种业、智慧农田、智慧种植、智慧畜牧、智慧渔业、智能农机、智慧农垦，提升农业生产保障能力。

近年来，我国农业现代化进程明显加快，但也面临着资源、环境与市场的多重约束，保障食品安全、生态安全的压力依然存在，确保农民稳定增收的任务越来越重。因此，加快物联网技术在农业中的应用，对促进农业生产方式转变、农民增收有重要意义。

本书在对物联网和农业物联网的相关概念与技术等进行分析的基础上，介绍了物联网在大田种植、设施园艺、畜牧养殖等农业生产中的应用，最后精选了一些典型案例。本书共包括 8 章：物联网、农业物联网、物联网+大田种植、物联网+设施园艺、物联网+畜牧养殖、物联网+水产养殖、物联网+农产品物流、智慧农业典型案例。

由于时间仓促以及编著水平有限，书中难免存在不足之处，欢迎广大读者批评指正！

编者

2023 年 3 月

目录

第一章 物联网 …………………………………………………… 1
- 第一节 物联网的概念和特点 …………………………………… 1
- 第二节 物联网的起源与发展 …………………………………… 5
- 第三节 物联网的体系架构 ……………………………………… 8
- 第四节 物联网与现代农业 ……………………………………… 14

第二章 农业物联网 …………………………………………… 22
- 第一节 农业物联网概述 ………………………………………… 22
- 第二节 农业物联网的主要技术 ………………………………… 30
- 第三节 农业物联网产业 ………………………………………… 33
- 第四节 农业物联网运营模式 …………………………………… 38

第三章 物联网+大田种植 …………………………………… 48
- 第一节 大田种植概述 …………………………………………… 48
- 第二节 大田种植智能化的发展 ………………………………… 49
- 第三节 物联网技术在大田种植中的应用 ……………………… 52

第四章 物联网+设施园艺 …………………………………… 59
- 第一节 设施园艺概述 …………………………………………… 59
- 第二节 设施园艺智能化的发展 ………………………………… 62
- 第三节 物联网技术在设施园艺中的应用 ……………………… 63

第五章 物联网+畜牧养殖 …………………………………… 75
- 第一节 畜牧养殖概述 …………………………………………… 75
- 第二节 畜牧养殖智能化的发展 ………………………………… 77
- 第三节 物联网技术在畜牧养殖中的应用 ……………………… 80

第六章　物联网+水产养殖···88
第一节　水产养殖概述···88
第二节　水产养殖智能化的发展·································89
第三节　物联网技术在水产养殖中的应用····················94

第七章　物联网+农产品物流····································105
第一节　农产品物流概述··105
第二节　农产品物流智能化的发展·····························111
第三节　物联网技术在农产品物流中的应用·················116

第八章　智慧农业典型案例······································127
第一节　江苏盐城盐都现代农业产业园发展有限公司······127
第二节　湖北未来家园高科技农业股份有限公司············133
第三节　黑龙江省七星农场······································138
第四节　内蒙古蒙牛乳业（集团）股份有限公司············144
第五节　四川铁骑力士食品有限责任公司·····················149
第六节　宁夏华琳源农牧有限公司······························153
第七节　重庆市农业科学院鱼菜共生 AI 工厂··················158
第八节　合肥周谷堆大兴农产品国际物流园有限责任公司···163

参考文献···168

第一章 物联网

第一节 物联网的概念和特点

一、物联网的概念

提起物联网,人们可能会首先联想到互联网。其实,物联网就是"物物相连的互联网",是将各种信息传感设备,如射频识别装置、红外感应器、全球定位系统、遥感系统、激光扫描器等装置和系统按约定的协议与互联网结合起来而形成的一个巨大网络,其目的是让所有的物品都与网络连接在一起,方便识别和管理。物联网为人们开启了一个全新的时代,让人们享受更多的便利。

物联网是把新一代信息技术充分运用到各行各业中。如果说互联网的"信息高速公路"还只是局限于光纤、基站和上网终端的小循环之间,那么物联网就是将现实的基础设施和信息网络合二为一。同时,具备超强计算能力的计算中心的出现,也使这样一张"巨网"有了有效运作的可能。现在,实体基础设施和信息基础设施正在合为"统一的智慧全球基础设施"。物联网的本质是物理世界和数字世界的融合,这种融合是双向的。

物联网的出现打破了传统思维。过去的思路一直是将实体基础设施和信息基础设施分开:一方面是机场、公路、建筑物,而另一方面是数据中心、个人计算机、宽带等。而在物联网时代，钢筋混凝土、电缆将与芯片、宽带整合为统一的基础设施，在此意义上，基础设施更像是一块新的地球工地，世界的运转都在它上面进行，其中包括经济管理、生产运行、社会管理乃至个人生活。

物联网包含两层意思：第一，物联网的核心和基础仍然是互联网，是在互联网基础上延伸和扩展的网络；第二，其用户端延伸和扩展到了任何物体之间。物联网把"任何时间""任何地点""任何人""任何物"这四者联系起来，为人们的生产和生活提供便捷。

二、物联网的特点

和传统的互联网相比，物联网有其鲜明的特点，主要表现在全面感知、互通互联和智慧运行3个方面。

（一）全面感知

全面感知解决的是人类社会与物理世界的数据获取问题。全面感知是物联网的皮肤和五官，主要功能是识别物体、采集信息。全面感知是利用各种感知、捕获、测量等技术手段，实时对物体进行信息的采集和获取。

实际上，人们在多年前就已经实现了对"物"局域性的感知处理。例如，测速雷达对行驶中的车辆进行车速测量，自动化生产线对产品进行识别、自动组装等。

在信息采集和信息获取的过程中物联网全面感知追求的不仅是信息的广泛和透彻，而且强调信息的精准和效用。"广泛"是指地球上任何地方的任何物体，凡是需要感知的，都可以纳入物联网的范畴；"透彻"是通过装置或仪器，可以随时随地提取、测量、捕获和标识需要感知的物体信息；"精准和效用"是指采用系统和全面的方法，精准、快速地获取和处理信息，将特定的信息获取设备应用到特定的行业和场景，对物体实施智能化的管理。

在全面感知方面，物联网主要涉及物体编码、自动识别技术和传感器技术。物体编码用于给每一个物体一个"身份"，其核心思想是为每个物体提供唯一的标识符，实现对全球对象的唯一有效编码；自动识别技术用于识别物体，其核心思想是应用一定的识别装置，通过被识别物品和识别装置之间的无线通信，自动获取被识别物品的相关信息；传感器技术用于感知物体，其核心思想是通过在物体上植入各种微型感应芯片使其智能化，这样任何物体都可以变得"有感觉、有思想"，包括自动采集实时数据（如温度、湿度）、自动执行与控制（如启动流水线、关闭摄像头）等。

（二）互通互联

互通互联解决的是信息传输问题。互通互联是物联网的血管和神经，其主要功能是信息的接入和信息的传递。互通互联是指通过各种通信网与互联网的融合，将物体的信息接入网络，进行信息的可靠传递和实时共享。

互通互联是全面感知和智慧运行的中间环节。互通互联要求网络具有"开放性"，全面感知的数据可以随时接入网络，这样才能带来物联网的包容和繁荣。互通互联要求传送数据的准确性，这就要求传送环节必须具有更大的带宽、更高的传送速率、更低的误码率。互通互联还要求传送数据的安全性，由于无处不在的感知数据很容易被窃取和干扰，因此要保障网络的信息安全。

互通互联会带来网络"神经末梢"的高度发达。物联网既不是互联网的翻版，也不是互联网的一个接口，而是互联网的一个延伸。从某种意义上来说，互通互联就是利用互联网的"神经末梢"将物体的信息接入互联网，它将带来互联网的扩展，让网络的触角伸到物体之上，网络将无处不在。在技术方面，建设无处不在的网络，不仅要依靠有线网络的发展，还要积极发展无线网络，其中，光纤到路边、光纤到户、无线局域网、卫星定位、短距离无线通信等技术都是支撑网络无处不在的重要技术。

物联网建立在现有移动通信网和互联网等的基础上，通过各种接入设备与通信网和互联网相连。在信息传送的方式上，可以是点对点、点对面或面对点。广泛的互通互联使物联网能够更好地对工业生产、城市管理、生态环境和人民生活的各种状态进行实时监控，使工作和娱乐可以通过多方协作得以远程完成，从而改变整个世界的运作方式。

（三）智慧运行

智慧运行解决的是计算、处理和决策问题。智慧运行是物联网的大脑和神经中枢，主要包括网络管理中心、信息中心、智能处理中心等，主要功能是信息及数据的深入分析和有效处理。智慧运行是指利用数据管理、数据处理、模糊识别、大数据和云计算等各种智能计算技术，对跨地区、跨行业、跨部门的数据及信息进行分析和处理，以便整合和分析海量、复杂的数据及信息，提升对物理世界、经济社会、人类生活各种活动和变化的洞察力，实现智能决策与控制，以更加系统和全面的方式解决问题。

智慧运行不仅要求物服从人，也要求人与物之间的互动。在物联网内，所有的系统与节点都有机地连成一个整体，起到互帮互助的作用。对于物联网来说，智能处理可以增强人与物的一体化，能够在性能上对人与物的能力进行进一步扩展。例如，当某一数字化的物体需要补充电能时，物体可以通过网络搜索到自己的供应商，并发出需求信号；当收到供应商的回应时，这个数字化的物体能够从中寻找到一个优选方案来满足自我需求；而这个供应商，既可以由人控制，也可以由物控制。这类似于人们利用搜索引擎进行互联网查询，得到结果后再进行处理。具备了数据处理能力的物体，可以根据当前的状况进行判断，从而发出供给或需求信号，并在网络上对这些信号进行计算和处理，这成为物联网的关键所在。

仅仅将物连接到网络，还远远没有发挥出物联网的最大威力。物联网的意义不仅是连接，更重要的是交互，以及通过交互衍生出来的种种可利用的特性。物联网的精髓是实现人与物、物与物之间的相融与互动、交流与沟通。在这些功能中，智慧运行是核心与灵魂。

第二节 物联网的起源与发展

一、物联网概念的发展

一个比较有权威性的说法是物联网起源于 1990 年，施乐公司推出的一种可乐贩卖机。一位程序员发挥专长，将可乐贩卖机连接在网络上，还编写了一套程序监视可乐贩卖机内的可乐数量和可乐冰冻情况。这是最初的物联网形态。

1991 年，物联网作为一个新概念被美国麻省理工学院的 Kevin Ashton 教授提出。他认为"万物皆可通过网络互联"，这也是物联网的基础含义。

1995 年，物联网出现在《未来之路》一书中，该书以文字的形式提出物联网的概念。但是，由于当时受限于 Wi-Fi、硬件、传感器的发展，物联网并没有引起大家的重视。

1999 年，美国麻省理工学院建立了自动识别中心，依托射频识别技术将物联网发展成为一个物流网络。当时，物联网的内涵已经发生了变化。

2004年，物联网作为一个正式的术语出现在书中，并通过媒体被广泛传播。

2008年，第一届国际物联网大会在瑞士举行，物联网设备数量有了大幅度增加。

2013年，Google眼镜发布，这是物联网和可穿戴技术的关键标志之一。

2017年，越来越多的企业开发物联网产品，自动驾驶汽车得以不断改进，人工智能、大数据等技术开始与物联网融合。

2021年，全球物联网总连接数量达到上百亿，年复合增长率超过10%。

物联网的本质是行业信息化。世界各国政府大力推广物联网发展的动力在于寻找新的经济增长点。从长远看，物联网会成为一种新常态，在物流、农业、工业、社区、公共服务领域得到广泛应用，并推动这些领域走向智能化、自动化、数字化。

二、物联网的发展现状

（一）全球物联网发展现状

目前，全球主要国家和地区均在积极推进智慧城市、智慧社会、智能制造等多个领域的物联网项目进行建设试点。随着物联网技术的进一步发展和成熟，未来更多应用将逐渐从单一设备扩展到多终端设备，将对我国经济的持续快速增长和产业转型升级产生重大影响。当前，我国已成为全球最大的消费国和出口国之一，随着我国物联网在全球布局的逐步展开，以及用户对互联网连接速率、成本和功能等需求的不断提升，传感器、控制器、数据通信软件等相关产业将会快速发展。

(二) 我国物联网行业市场现状

物联网正以前所未有的速度扩大规模。我国物联网行业企业也在不断崛起。目前来看，国内主要公司基本集中在智能家居领域和信息通信领域。在众多企业中，除了专注于智能家居领域的上市公司之外，不少公司专注于智能制造和工业互联网领域。总体来看，国内物联网市场集中度较高，大型企业数量较多，目前国内智能家居市场竞争较充分，未来几年内仍然具有较大的发展空间。

(三) 我国物联网行业主要商业模式

物联网产业发展的核心是数据，对大量数据进行分析处理，在此基础上形成智能产品和服务，是产业发展的基础。通过商业模式创新可以加速整个物联网产业的创新升级，形成新产品、新服务等，可以说是未来物联网产业创新的方向之一。因此，在物联网的商业模式创新过程中，需要进行充分的市场调研与分析。当前我国物联网行业发展现状主要包括3个方面：一是各企业对自身优势技术不断进行扩大投资；二是企业对物联网整体解决方案形成良好的品牌认知；三是围绕企业业务场景探索商业模式创新。具体来看主要分为3类：第一类是利用物联网核心技术建立物联网应用平台端到端全网连接；第二类是利用核心技术为企业提供专业服务，如软硬件集成和服务外包等；第三类是利用传统业务数据分析形成相应的产品与服务。

(四) 物联网未来发展趋势

"智能化""平台化"是国内物联网的发展趋势。而要实现"智能化""平台化"的目标必须解决以下2个问题：一是网络的连接速度问题；二是智能网络的服务质量问题。网络的连接速度决定着终端设备的连接速度和服务质量，决定着应用系统的性能和效率，并最终决定着终端设备的使用体验。解决上述2个问题的关键是必须从硬件和软件2个方面入手。

第三节 物联网的体系架构

物联网作为新兴的信息网络技术，对信息技术产业的发展有巨大的推动作用。从系统结构的角度看，人们普遍认同的物联网基本架构是由感知层、网络层和应用层组成的3层架构。

一、感知层

感知层是物联网发展和应用的基础，处于3层架构的最底层，具有物联网全面感知的核心能力。作为物联网最基本的一层，感知层具有十分重要的作用，它由数据采集子层、短距离通信技术和协同信息处理子层组成。

感知层主要实现智能感知功能，是物联网伸向物理世界的"触角"，也是海量信息的主要来源，是应用服务的基础。从技术上讲，主要包括物联网数据信息的采集、捕获、物体识别等环节，并形成前端的自组织网络和智慧的感知。

感知层的主要技术包括以下6种。

（一）传感器技术

传感器是摄取信息的关键器件，它是物联网中不可缺少的信息采集手段。传感器是一种检测和信息采集装置，能感受到被测的信息，并将信息转换成计算机系统能识别的信息形式。常见的传感器有压力传感器、温度传感器、湿度传感器、光传感器、磁性传感器等。

（二）射频识别技术

射频识别技术是通过无线电信号识别特定目标并读/写相关数据的无线通信技术。在国内，射频识别技术已经在身份证、电子收费系统和物流管理等领域有了广泛应用。射频识别技术市场应用成熟，标签成本低廉，但射频识别技术一般不具备数据采集功能，多用来进行物品的甄别和属性的存储，且在金属和液体环境下应用受限。

（三）蓝牙技术

蓝牙技术是一种短距离、低功耗的无线传输技术，支持点到点、点到多点的话音和数据业务，可以实现不同设备之间的短距离无线互联。在室内安装适当的蓝牙局域网接入点，把网络配置成基于多用户的基础网络连接模式，并保证蓝牙局域网接入点始终是这个微微网的主设备，就可以获得用户的位置信息，实现利用蓝牙技术定位的目的。

（四）无线定位技术

无线定位技术通过对接收到的无线电波的一些参数进行测量，根据特定的算法判断出被测物体的位置，测量参数一般包括传输时间、幅度、信号相位和到达角等。基于网络的定位，采用多个地理定位基站（Ground Based Station，GBS）来确定移动电台（Mobile Station，MS）的位置，通过分析接收信号强度、信号相位及到达时间等属性来确定 MS 的距离，MS 的方向则通过接收信号的到达角获得，系统根据每个接收器测量到的移动终端的距离及方向来联合计算移动终端的位置。

（五）嵌入式技术

如果说之前互联网上大量存在的设备主要以通用计算机（如大型机、小型机、个人计算机等）的形式出现，那么物联网的目的则是让所有物品都具有计算机的智能但并不以通用计算机的形式出现，并把这些"聪明"了的物品与网络连接在一起，这就需要嵌入式技术的支持。嵌入式技术是计算机技术的一种应用，该技术主要针对具体的应用特点设计专用的计算机系统——嵌入式系统。嵌入式系统以应用为中心，以计算机技术为基础，并且软硬件可量身定制，它适用于对功能、可靠性、成本、体积、功耗有严格要求的专用计算机系统。嵌入式系统通常嵌入在更大的物理设备当中而不被人们所察觉，如手机，甚至空调、微波炉、冰箱中的控制部件都属于嵌入式系统。

（六）二维码技术

二维码技术是用特定的几何图形按一定规律在平面（二维方向）上分布的黑白相间的矩形方阵记录数据符号信息的新一代条码技术。二维码由二维码矩阵图形、二维码号以及下方的说明文字组成。通过专用读码设备或者智能手机，就能读取二维码中的大量信息。二维码技术具有信息量大、纠错能力强、识读速度快、全方位识读等特点。与射频识别技术相比，从一维码切换到二维码除了印刷成本外，几乎不需要增加成本。

二、网络层

物联网的发展是建立在其他网络发展的基础上的，特别是三网融合中的三网（电信网、广播电视网、互联网），还包括通信网、卫星网、行业专网等。网络层将来自感知层的各类信息通过基础承载网络传输到应用层，网络层中的感知数据管理与处理技术是实现以数据为中心的物联网的核心技术。感知数据管理与处理技术包括物联网数据的存储、查询、分析、挖掘、理解及基于感知数据决策和行为的技术。

网络层位于整个物联网体系的中间位置，其主要技术包括Internet 技术、移动通信网技术、无线传感器网络技术等。

（一）Internet 技术

Internet 技术就是我们常说的互联网技术，是把分布于世界各地不同结构的计算机网络用各种传输介质互相连接起来形成一个网络的技术。

（二）移动通信网技术

移动通信网技术是以无线电波为依托向通信用户提供实时信息传输的技术，以保障在覆盖区或服务区内的个体移动通信顺畅。该技术领域主要包括无线数字传输技术、路由器技术、网络管理以及终端业务服务等方面的技术。

（三）无线传感器网络技术

无线传感器网络技术是传统传感技术和网络通信技术的融合，通过将无线网络节点附加采集各种物理量的传感器而成为兼有感知能力和通信能力的智能节点，是物联网的核心支撑技术之一。

三、应用层

应用是物联网发展的驱动力和目的。应用层的主要功能是对感知和传输来的信息进行分析和处理，做出正确的控制和决策，实现智能化的管理、应用和服务。这一层解决的是信息处理和人机交互的问题，网络层传输而来的数据在这一层进入各行各业、各种类型的信息处理系统，并通过各种设备与人进行交互。

应用层位于整个架构的最上层，是物联网架构中的关键结构。应用层主要包括服务支撑子层和应用子集层。服务支撑子层的主要功能是根据底层采集的数据，形成与业务需求相适应、实时更新的动态数据资源库；应用子集层的主要功能是把感知和传输来的信息进行分析和处理，做出正确的控制和决策，实现智能化的管理、应用和服务。

物联网的应用可分为监控型（如环境监控、物流监控）、查询型（如智能检索、远程抄表）、控制型（如智能交通、智能家居、路灯控制）、扫描型（如手机钱包、高速公路不停车收费）等。

应用层的主要技术包括以下 4 种。

（一）云计算

云计算概念是由 Google 公司提出的，这是一个"美丽"的网络应用模式，是指信息技术（IT）基础设施的交付和使用，通过网络以按需、易扩展的方式获得所需的资源。云计算是并行计算、分布式计算和网格计算的发展，或者说是这些计算机科学概念的商业实现。云计算代表了手提计算机（HPC）从科学计算到大众化商业应用的变迁，使以前最"烧钱"和不赚钱的超级计算产业变成了最赚钱和省钱（充分利用现成的 CPU 的计算能力）的生意。云计算使以前的"计算中心"边缘化，而使"数据中心"成为主流。

（二）人工智能

人工智能是研究让计算机来模拟人的某些思维过程和智能行为（如学习、推理、思考、规划等）的学科，主要包括计算机实现智能的原理、制造类似于人脑智能的计算机，使计算机能实现更高层次的应用。人工智能涉及计算机科学、心理学、哲学和语言学等学科，可以说涉及自然科学和社会科学的几乎所有学科，其范围远远超出了计算机科学的范畴。人工智能与思维科学的关系是实践与理论的关系，人工智能是处于思维科学的技术应用层次，是它的一个应用分支。从思维观点看，人工智能不只限于逻辑思维，更要考虑形象思维、灵感思维，才能促进人工智能的突破性发展。数学常被认为是多种学科的基础科学，数学已进入语言、思维领域，人工智能学科也必须借用数学工具，它们将互相促进而更快地发展。

（三）数据挖掘

在人工智能领域，数据挖掘习惯上又被称为数据库中的知识发现（Knowledge Discovery in Database，KDD），也有人把数据挖掘视为数据库中知识发现过程的一个基本步骤。知识发现过程由3个阶段组成，即数据准备、数据挖掘及结果表达和解释。数据挖掘可以与用户或知识库交互。

并非所有的信息发现任务都被视为数据挖掘。例如，使用数据库管理系统查找个别的记录，或通过互联网的搜索引擎查找特定的Web页面，则是信息检索（Information Retrieval）领域的任务。虽然这些任务是重要的，可能涉及使用复杂的算法和数据结构，但是它们主要依赖传统的计算机科学技术和数据的明显特征来创建索引结构，从而有效地组织和检索信息。尽管如此，数据挖掘技术也有用来增强信息检索系统的能力。

（四）射频识别（RFID）中间件

RFID中间件是系统获取信息、处理信息和传递信息的核心部分，是连接读写器和企业应用程序的纽带，在物联网初期提出时被称作Savant（一种分布式网络软件）。它主要对标签数据进行过滤、分组、计数、转发，以提高发往信息网络系统的数据质量，防止误读、漏读、多读信息。RFID中间件的核心组成是事件管理器和信息服务器。事件管理器负责采集、过滤读写器收集的EPC（设计、采购、施工）相关信息，并转发给其他应用；信息服务器提供事件管理器与企业信息系统之间的集成，存储事件管理器提交的数据信息，提供访问接口。

RFID中间件技术拓展了基础中间件的核心设施和特性，将企业级中间件技术延伸到了RFID领域，是RFID产业链的关键技术。RFID中间件屏蔽了RFID设备的多样性和复杂性，能够为后台业务系统提供强大的支撑，从而驱动更广泛、更丰富的RFID应用。RFID中间件技术重点研究的内容包括并发访问技术、目录服务技术和定位技术、数据和设备监控技术、远程数据访问和安全及集成技术、进程和会话管理技术等。

第四节　物联网与现代农业

一、现代农业

（一）现代农业的形成

按农业生产力性质和水平划分，农业发展可以划分为原始农业、传统农业和现代农业3个阶段。其中，现代农业属于农业的最新阶段。

1. 原始农业

原始农业是指从新石器时代到铁器工具出现以前的农业，总体上是自然状态下的农业。原始农业处于农业的萌芽时期，但人类已开始由顺应自然到积极地干预自然，由获取自然界现存食物到有目的地生产人类所需要的食品，尤其是开始了对野生动植物的驯化，实现了采集向种植业、狩猎向畜牧业的转变。原始农业以刀耕火种为基本生产方式，运用木、石等简单工具，火与水等生产手段在一定程度上得以应用，"饭稻羹鱼，或火耕而水耨。"耕作方式主要通过撂荒自然恢复地力，农田在大部分时间仍被自然植被所控制，劳动者的技能来自有限的经验积累，生产基本上只有种和收2个环节（相传"后稷教民稼穑"，稼即是播种，穑即是收割），土地利用率和农业劳动生产率低下。生产力各要素处于自然状态，人类对农业生态系统的干预能力很小。

2. 传统农业

传统农业是指从铁器工具的使用到工业化以前的农业，经历了2 000多年时间，基本上是自给自足的农业。这一时期，人类在冶铁术和畜力使用的基础上发明了耕犁，大量采用畜力并开始采用半机械化生产工具，创造了通过人工施用有机肥提高土壤肥力的办法，发明了改善农作物和牲畜性状的技术，创立了间作、套种等轮作复种制度，劳动者越来越多地从自然科学及其研究成果中获得相应技能，利用和改造自然的能力有了提高。但这一阶段的农业"完全以农民世代使用的各种生产要素为基础"，生产要素在封闭的体系内流动配置，主要靠农业内部的能量和物质循环来维护平衡，生产方式基本上是维持简单再生产，长期发展缓慢。

3. 现代农业

现代农业是指从工业革命以来形成的农业，是逐步走向商品化、市场化的农业。这一阶段，农业在市场经济框架下，广泛运用现代工业成果和科技、资本等现代生产要素，农业从业人员不断减少，但农业劳动者具有较多的现代科技和经营管理知识，农业生产经营活动逐步专业化、集约化、规模化，农业劳动生产率得到大幅度提高。

(二) 现代农业的特征

1. 市场化程度日趋成熟

市场经济体制是现代农业发展的制度基础。在这一时期，产品生产的主要目的不在于自给，而在于为市场提供商品以实现利润最大化。市场机制在资源配置中起着主导作用，市场体系日益完善，农业从生产成果到手段普遍商品化，除了农业最终产品即各种农产品外，各种中间产品、劳务和消费品以及其他农业生产要素，包括各种农业机械、农用化学品、良种及兽医服务等，都进入农业交换领域，甚至农民的生活消费也普遍成为商品性消费，农产品商品率得到前所未有的提高，农业打破了内部物质循环的局限性，进而实现物质的开放式循环，从自给农业发展为市场化农业。

2. 工业装备普遍采用

工业装备是现代农业的硬件支撑。随着现代工业的发展，在农业生产的各个环节播种机、脱粒机、饲草收割机、水利灌溉设备等现代机械逐步取代人力、畜力及手工工具。尤其是20世纪80年代以后，拖拉机和配套农具广泛使用，欧美等发达国家和地区先后实现农业机械化、电气化、联合化。目前，农业机械与计算机、卫星遥感等技术结合，新型材料、节水设备和自动化设备广泛应用于农业生产。农田水利化、农地园艺化、农业设施化以及交通运输、能源传输、信息通信等的网络化、现代化成为现代农业发展的基本趋势。

3. 先进科技广泛应用

先进的科技是现代农业发展的关键要素。19世纪中叶农业化学技术得到发展，欧洲率先突破只施用有机肥的传统，开始大量使用化肥；20世纪中叶部分国家进行了以杂交玉米、杂交小麦、杂交水稻为主的"绿色革命"；之后生物技术和信息技术也逐步渗透到农业种质资源、动植物育种、作物栽培、畜禽饲养、土壤肥料、植物保护等各个领域，农业科研的领域和范围不断扩大，农业生产的深度和广度不断拓展，农业的可控程度大大提高，出现了"精准农业"等全新的农业发展模式。农业增产的60%~80%依靠科技进步来实现。与科技应用相适应，农业劳动者素质也得到普遍提高，先进的科技不断从潜在生产力转化为现实生产力，正成为推动现代农业发展的强大动力。

4. 产业体系日臻完善

完善的产业体系是现代农业的重要标志。与现代生产手段、生产技术相适应，农业发展突破了传统的产加销脱节、部门相互割裂、城乡界限明显等局限性，普遍通过"农民专业合作社+农户（家庭农场）"等生产组织形式，使农产品的生产、加工、销售等各环节走向一体化,农业与工业、商业、金融、科技等领域相互融合,城乡经济协调发展,农业产业链条大大延伸,农产品市场半径大为拓展,逐步形成了农业专业化生产、企业化经营、社会化服务的格局。

5. 生态环境受到重视

注重农业经济与生态环境的协调发展,是现代农业发展的基本趋势。现代农业以化学物质的使用和能源(主要是石油)的大量消耗为开端,其发展虽然取得了巨大成就,但也带来了资源破坏、环境污染等突出问题。近年来,世界各国在农业发展中更加注重生态环境的治理与保护,重视土、肥、水、药和动力等生产资源投入的节约和使用的高效化,在应用自然科学新成果的基础上探索出"有机农业""生态农业"等农业发展模式。农业的可持续发展已经受到广泛的关注和重视,正成为全球农业发展的新理念和新趋势。

在世界农业发展进程中,现代农业无论是在农业生产力发展还是在农业生产关系调整方面,都展示了渐进演变的历史过程,体现了现代农业的历史性;无论是在生产手段、生产技术还是在生产经营的组织管理方面都实现了整体进步,体现了现代农业的综合性;无论是在发展目标定位还是在基本路径选择方面,都反映了世界各国农业发展的趋势,体现了现代农业的世界性。正确认识和把握这些特点和规律,对加快建设现代农业具有重要的现实意义。

(三)现代农业与传统农业的比较

1. 经营目标不同

传统农业生产技术落后,生产效率低下,农民抵御自然灾害的能力非常有限,农业生产受自然环境的影响较大,"靠天吃饭"的现象比较普遍。为了预防自然灾害给人们生存带来的威胁,农民尽量地多生产、多储备粮食以备不测,即以产量最大化为其生产目标,而增产的主要手段是加大劳动投入。现代农业的经营目标是追求利润的最大化,即以一定的投入获取最大限度的利润。因为现代农业像现代企业一样,雇主要向被雇佣者支付工资,只有劳动的边际收益大于工资时,雇主才有利可图,才会增加劳动投入。所以,传统农业要过渡到现代农业,就必须将农业生产的目标由满足自给性消费的产量最大化转变为商品性生产的利润最大化。而完成这一转变的首要条件是农业劳动力比重的下降和农业人口压力的缓解,在巨大的农业人口的压力下,农业生产目标由传统到现代化的转变是不可能实现的。

2. 技术含量不同

农业领域的技术进步是通过凝结着先进技术的现代农业要素的不断投入来实现的。传统要素是从农业部门内部和大自然中获取的,技术含量低,且长期处于停滞状态,国家对农业的投入较少,农业生产所需的劳动力数量较多。在这种人地矛盾十分突出的状态下,农业机械的使用反而会进一步加剧这种矛盾。所以,在传统农业社会中,农业机械的应用和推广往往受到抑制。而现代农业是用现代科学技术武装起来的农业,其要素大都是由农业部门外部的现代化工业部门和服务部门提供的。现代农业要素投入的增加和农业现代科学技术含量的提高意味着农业部门劳动力容量的减少。所以,农业现代化与工业化和农业人口的战略转移是密不可分的。

3. 经营规模不同

现代农业的明显标志之一就是它的规模效益,主要原因包括以下4个。

第一,现代农业是经营者追求利润最大化的农业。这一目标在小规模或超小规模的以满足自给性消费为目的的传统农业基础上是不可能实现的，而必须在较大的经营规模上，农民摆脱生产者的生存压力，把利润最大化作为自己的追求目标才能实现。

第二，现代农业是高收入的农业。纵观世界发达国家，农民都是比较富裕的阶层，收入很高，而这种高收入必须建立在较大农业经营规模之上。

第三，现代农业是农产品高商品率的农业。衡量一个国家农业的发展水平，关键看它农产品的商品率，而农产品的商品率必然与较大的农业经营规模相联系。

第四，现代农业是高技术农业。传统农业主要是利用人力和畜力，而现代农业是利用现代机械技术、现代生物化学技术和现代管理技术武装起来的农业。特别是大型农业机械的应用必须有较大规模的作业空间，因此也需要较大的农场规模。

二、物联网在现代农业中的应用

物联网在农业领域的广泛应用，既是智慧农业发展的重要内容，也是现代农业发展的强大技术支撑。同时，智慧农业的发展也将为物联网技术在农业领域的应用提供无限广阔的市场。

（一）物联网技术引领现代农业发展方向

智能装备是农业现代化的一个重要标志，物联网等技术是实现农业集约、高效、安全的重要支撑。在农业中广泛应用这些技术，可保证农业生产资源、生产过程、流通过程等环节的信息被实时获取和共享，以保证农业的产前规划正确以提高资源的利用效率；农业生产中精准化管理可提高生产效率，从而实现节本增效；产后农产品可实现高效流通，同时农业物联网技术安全追溯的功能也可实现。这些技术将会解决一系列关于广域空间信息的获取、高效可靠的信息传输与互联、面向不同应用需求和不同应用环境的智能决策系统集成等的科学技术问题，也将是促进传统农业向现代农业转变的助推器和加速器,也将为与物联网农业应用相关的新兴技术和服务产业的发展提供无限的商机。农业物联网在提升农业智慧化水平、推动农业现代化的进程中具有广阔的应用前景。

(二) 物联网技术推动农业信息化、智能化

物联网使用各种感应芯片和传感器,广泛地采集人和自然界的各种属性信息,然后借助有线、无线和互联网络,实现各级政府管理者、农民、农业科技人员等"人与人"的联结,甚至实现土、肥、水、气、作物、仓储和物流等"人与物"的联结以及农业数字化机械、自动温室控制、自然灾害监测预警等"物与物"之间的联结,并促进即时感知、互通互联和高度智能化的实现。

(三) 物联网技术提高农业精准化管理水平

从农产品生产的不同阶段来看,从农作物准备种植阶段到农产品收获阶段均可被纳入物联网技术来提高生产者的工作效率和精准化管理水平(图1-1)。

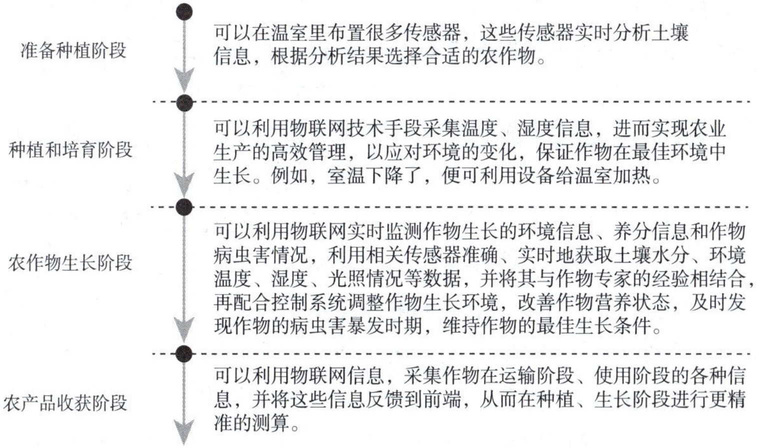

准备种植阶段	可以在温室里布置很多传感器,这些传感器实时分析土壤信息,根据分析结果选择合适的农作物。
种植和培育阶段	可以利用物联网技术手段采集温度、湿度信息,进而实现农业生产的高效管理,以应对环境的变化,保证作物在最佳环境中生长。例如,室温下降了,便可利用设备给温室加热。
农作物生长阶段	可以利用物联网实时监测作物生长的环境信息、养分信息和作物病虫害情况,利用相关传感器准确、实时地获取土壤水分、环境温度、湿度、光照情况等数据,并将其与作物专家的经验相结合,再配合控制系统调整作物生长环境,改善作物营养状态,及时发现作物的病虫害暴发时期,维持作物的最佳生长条件。
农产品收获阶段	可以利用物联网信息,采集作物在运输阶段、使用阶段的各种信息,并将这些信息反馈到前端,从而在种植、生长阶段进行更精准的测算。

图1-1 不同阶段实施的精准化管理策略

(四) 物联网技术提高效率、节省人工

现实操作中，生产者要对各大棚的作物进行浇水、施肥、手工加温、手工卷帘，这需要耗费大量的时间和人力。如果农场应用了物联网技术，生产者手动控制鼠标操作计算机即可完成对作物生长过程的监测，那么人力将获得极大解放。

(五) 物联网技术保障农产品和食品安全

农产品和食品流通领域集成应用电子标签、条码、传感器网络、移动通信网络和计算机网络等农产品和食品溯源系统，可推动农产品的质量跟踪、溯源和可视数字化管理的实现。该系统智能监控农产品从田间到餐桌、从生产到销售的全过程，可实现农产品和食品质量安全信息在不同供应链主体之间的无缝衔接，不仅促进农产品和食品的数字化物流的实现，也可大大提高农产品和食品的质量。

第二章 农业物联网

第一节 农业物联网概述

一、农业物联网的概念

农业物联网，是在大棚或大田、果树等控制系统中，运用物联网系统的温度传感器、湿度传感器、酸碱性传感器、光传感器、二氧化碳传感器等设备，检测环境中的温度、相对湿度、酸碱度、光照强度、土壤养分、二氧化碳浓度等物理参数，通过各种仪器、仪表实时显示或作为自动控制的参变量参与到自动控制中，保证农作物管理精准化，从而有一个良好的、适宜的生长环境的新技术。

二、农业物联网的意义

农业物联网一般是使用大量的传感器节点构成监控网络，通过各种传感器采集信息，以帮助农民及时发现问题，并且准确地确定发生问题的位置，这样农业将逐渐地从以人力为中心、依赖于孤立机械的生产模式转向以信息和软件为中心的生产模式，从而大量使用各种自动化、智能化、远程控制的生产设备。

农业物联网远程控制技术可以使技术人员在办公室就能对多个大棚的环境进行监测控制。

采用农业物联网无线网络技术测量获得作物生长的最佳条件，可以为温室精准调控提供科学依据，达到增产、改善品质、调节生长周期、提高经济效益的目的。

三、农业物联网的应用范围

物联网技术在现代农业领域的应用很多，如农业生产环境信息的监测与调控，农产品质量的安全溯源，动、植物的远程诊断，农业信息化，农业大棚标准化生产监控，农业自动化节水灌溉等。

（一）农业生产环境信息监测与调控

农业大棚、养殖池及养殖场内设置了温度、湿度、pH 值、二氧化碳浓度等无线传感器及其他智能控制系统，这些系统利用无线传感器网络实时监测温度、湿度等变化来获得作物、动物生长的最佳条件，为大棚、养殖场精确调控参数提供科学依据。同时，这些参数通过移动通信网络或互联网被传输至监控中心，形成数据图，农业人员可随时通过手机或计算机获得生产环境的各项参数，并根据参数变化，适时调控灌溉系统、保温系统等基础设施，从而获得动植物生长的最佳条件；参数实时在线显示，真正实现"在家也能种田和养殖"的目标。

（二）农产品质量安全溯源

农产品质量安全事关人民健康和生命安全，事关经济发展和社会稳定，农产品的质量安全和溯源已成为农产品生产中一个广受关注的热点。农业生产应用物联网技术可加强对农产品整个生产流程的监管，将食品安全隐患降至最低，为食品安全保驾护航。

目前，国内已出现"食品安全溯源系统"，该系统集成应用电子标签、条码、传感器网络、移动通信网络和计算机网络等技术，实现农产品质量跟踪和溯源，它主要由企业管理信息系统、农产品质量安全溯源平台和超市终端查询系统等功能块组成。消费者可通过电子触摸查询屏和带条码识别系统的手机查询农产品生产者或与质量安全相关的信息，也可上网查询了解更详细的农产品质量安全信息，从而实现农产品从生产、加工、运输、储存到销售整个供应链的全过程质量追溯，最终形成"生产有记录、流向可追踪、信息可查询、质量可追溯"的农产品质量监督管理体系。

（三）农业信息化

农业生产智能管理系统在各个农作物领域应用传感器，比如土壤水肥含量传感器、动物养殖芯片、农产品质量追溯标签等，自动采集数据，为生产者的科学预测和管理提供依据。

（四）动、植物远程诊断

农村偏远山区普遍存在种养殖分散、作物病虫害及畜禽病害发生频繁、基层植保及畜牧专家队伍少、现场诊治不方便等问题，而物联网技术可解决上述难题。

大唐电信科技股份有限公司推出了针对农业种植、养殖生产过程监控和灾害防治专项应用的无线视频监控产品——农业远程诊断系统。该系统由前端设备、4G/5G 无线通信传输网络、专家诊断平台和农业专家团队构成。前端设备支持多种传感器接口，同时支持音频、视频流功能，可以有效地为农业专家提供第一手的现场专业数据。此外，农业专家还可通过 PC 终端登录该系统，实现远程控制灌溉等操作，这为农村、农业领域缺乏专家的问题提供了解决思路。

（五）农产品储运

在农产品的储运过程中，储运环境（温度、湿度等）与农产品的品质变化密切相关。我国水果、蔬菜等农副产品在采摘、运输、储存等环节上的损失率为25%~30%，而发达国家的水果、蔬菜损失率则在5%以下。如果能实时监测储运过程中的环境条件，农产品品质就能得到保证，经济损失也会减少。物联网技术可应用于各个分散的传感器中，以实时监测环境中的温度、湿度等参数，并动态监测仓库或保鲜库的环境；在农产品运输阶段可根据位置信息查询和通过视频监控运输车辆等方式及时了解车厢内外的情况，调整车厢内的温度、湿度，同时还可以对车辆进行防盗处理，一旦车辆出现异常则可自动报警。

（六）农业自动化节水灌溉

利用传感器感应土壤的水分状况并控制灌溉系统以实现自动节水节能，具有高效、低能耗、低投入、多功能的农业节水灌溉平台。农业灌溉是我国用水较多的领域，其用水量约占全国总用水量的70%。据统计，因干旱我国粮食每年平均受灾面积达2 000万公顷（1公顷 = 10 000米^2），损失的粮食占全国因灾减产粮食的50%。长期以来，由于技术、管理水平落后，灌溉用水的浪费十分严重，农业灌溉用水的利用率仅为40%。如果农业生产应用先进技术，通过监测土壤墒情信息实时控制灌溉时机和水量，便可以有效提高用水效率。但人工定时测量墒情，不但人力耗费巨大，也做不到实时监控；采用有线测控系统，则需要较高的布线成本，不便于扩展，而且给农田耕作带来不便。因此，一种基于无线传感器网络的节水灌溉控制系统便出现了，该系统主要由低功耗无线传感器网络节点通过ZigBee自组网方式构成，避免了有线测控系统布线的不便、灵活性较差的缺点，从而实现了土壤墒情的连续在线监测。农田节水灌溉的自动化控制既可提高灌溉用水利用率，缓解我国水资源日趋紧张的矛盾，也可为作物生长提供良好的环境。

四、国内外农业物联网现状

物联网是世界公认的继计算机、互联网之后的世界信息产业第三次浪潮，随着世界各国政府对互联网行业的政策倾斜和企业的大力支持与投入，物联网产业被快速催生。国内外数据显示，物联网已经渗透到每一个行业领域，物联网不是科技狂想，而是又一场科技革命。

自物联网概念被提出，欧美的一些发达国家和地区就开展了农业与物联网技术相融合的研究，经过20多年的发展，已经取得了一定成果，如利用卫星对土地利用情况进行实时监测，将监测信息发送到检测人员手中，运用信息融合手段做出正确的决策，可以对大面积土地做出农业规划。法国使用气象卫星和通信卫星对自然灾害进行提前预测，对病虫害进行预报，并建立农业监测系统，指导施肥、喷药，解放了农业劳动力，提高了农产品产量。

我国政府工作报告中多次提到物联网技术的应用，2013年农业部在上海、天津等地选择建立试验基地，同时多省政府部门和企业展开相关研究，物联网相关技术逐渐面世，农业物联网的应用逐渐出现在大众视野中。例如，为提高种植效率，山东省兰陵县在现代农业示范园引进了浙江托普农业物联网技术，在其所建设的蔬菜大棚中全部安装农业物联网监测设备，通过农业物联网技术实时监测大棚蔬菜温度、湿度、光照、二氧化碳浓度等生长环境，根据产生的智能监测信息对蔬菜进行精准管理，通过无线传感器对温室环境进行自动调节，温度高了则自动开启风机等设备进行降温，通过土壤湿度传感器实现自动控制灌溉，该浇水的时候浇水，该施肥的时候施肥，完全实现自动化种植，促进有机高效农业发展。

五、农业物联网面临的问题

（一）成本较高，投入与收入不成正比

农业物联网主要使用设备是传感器，但土壤湿度传感器、温度传感器等设备的价格昂贵，且需要各类传感器以实现对大棚中的各因素实时把控，并需要经常维护保养，而维修人员服务费用较高，因此想要引进物联网，就需要投入大量资金，但蔬菜走的是薄利多销的销售路线，销售所得利润较低，利润和投入明显不成正比，致使很多农民不愿意使用物联网，使物联网不能实现全面覆盖。

（二）缺少系统的应用标准

蔬菜的品种多种多样，每种蔬菜对环境的需求都不一样，传感器只能传回数据信息，却缺乏系统的对比标准，且不同品牌的传感器传回的数据信息存在差异，导致物联网不能被大棚种植户广泛使用，影响我国物联网的发展。

（三）产品技术有限

现在我国物联网产品不够灵敏、自动化程度较低，且售卖价格昂贵、缺乏系统的应用标准，设备经常故障，维修人员不能及时解决，影响农民使用物联网的积极性。

（四）物联网体系不完善

物联网体系尚不完善，如果产品出现问题，将影响整个物联网系统的功能，不及时维修会导致巨大损失。缺少物联网人才，产品厂家的维修人员有限，不能及时解决产品问题，且因缺少维修人员，服务费用高，导致物联网不能实现全面覆盖。

（五）缺少技术人才

我国有物联网专业的大学较少，农业物联网对学生的要求很高，不仅要求其掌握农业知识，还要对电子信息技术和传感技术

等熟练掌握，而且大多数学校缺少专业的师资力量，缺少足够的财力建造专业的教学基地，这限制了学校对农业物联网技术人才的培养，使物联网人才短缺，无法解决农业物联网的相关问题。

六、农业物联网发展对策

针对上面提到的农业物联网面临的种种挑战和需求，我国农业物联网的发展对策需要"对症下药"，根据我国各项农业物联网的薄弱环节有针对性地采取相应的对策进行解决。

（一）加快基础技术研发

坚持自主研发，增强其独特的创新能力，积极吸收国际先进经验和科研成果。在核心技术方面，如果想取得国际话语权，必须提高我国农业物联网的核心技术和产品创新能力，在信息感知和信息传输等核心技术方面取得重要突破，在推进农业物联网技术应用的同时，应加快基础技术研发，深入研究传感机制与产品研发，加快研制适应我国农业现状的相关物联网产品，提升我国自主研发水平及能力，整体提升我国农业物联网产业的发展水平。基于目前我国农业物联网的发展情况，对于难度较大的技术要加快引进的速度，对于短板技术要提升自主研发的能力。加快传感识别、数据汇集、智能分析技术研究，集中研究生产出一批成本低廉、适应性强、可靠性高和功耗小，并且能自动识别农业物理信息和动物行为信息的智能传感器。与此同时，也要加快建立技术检测中心，对农业物联网技术产品进行技术性、稳定性、准确性、可靠性及环境测试能力等指标的权威测试，再投入市场，由此确保使用过程中的安全及农产品的食品安全问题。

（二）技术升级转为效益提升，优化创新制度体系

农业物联网的前期投入资金较大，并且回款期长，因此很多农业企业和农户都由于资金薄弱而不敢尝试，严重制约了我国农业物联网的推广进程。农业的投入风险增加问题,应主要从3个方面进行解决。一是在物联网技术产品供应方面,应该研究如何降低设备成本、设备性投入,尽量让科技适应当前的设施条件与发展水平。二是在用户使用方面,应紧密结合农产品生产效益,在通过技术提高效益与投入成本之间进行较好的权衡。三是在政府管理方面,应努力发挥引导作用,充分利用好政府补贴资金,做好相关的技术引导和示范作用。放活土地经营权,完善人才队伍建设,让农民以土地经营权入股的形式,将土地流转集中到种植大户或农业企业手中,提高农业产量和抗风险能力。深化金融制度改革,要加快完善相关优惠政策体系,加大对重点领域关键项目的资金投入力度。加快完善农业物联网技术产品补贴政策,制定降低农村电信费用、农民上网费用等补贴政策,从而引导更多的电信运营商、IT企业、科研院所等社会涉农力量进入农业物联网领域。逐步形成政府引导下的投资主体多元化、运行维护市场化的运行模式,确保农业物联网的发展基础牢靠。

(三) 建立创新型风险管理系统

在供给侧结构性改革的背景下,构建以农业物联网为切入点的农业物联网风险管理机制,可以从"互联网+"思维的形成、政府政策协同2个层面来看。首先,"互联网+"思维能够为农业风险管理体系开辟新的创新途径,互联网与农业的持续融合将有助于提高农民的整体素质,作为农业生产活动的主体,农户需要积极学习物联网操作技术及信息环境下的农业生产所面临的风险应对知识,不断提高现代农业下的农民综合素质,保障农业供给侧结构性改革。其次,政府政策协同驱动农业物联网风险管理机制的构建,对物联网在应用过程中风险问题的解决具有重要的意义。为了建设具有应变功能、低成本、智能的物联网风险管控平台,需要政府协助调动研究人员及农业创新服务企业的加入,充分让风险管理系统集成共享资源,形成有效供给。

(四)加强人才培养,提高农业从业人员的素质

农业物联网技术发展与应用的关键是人才,为了理解和学习物联网技术,需要加强农民的农业技能,扩大劳动力队伍,着力培养物联网专业技术人才;农业物联网推广部门联合高等院校、科研院所和相关企业对农户进行多方位的技能培训,为农业互联网的健康发展提供人才支撑。

第二节 农业物联网的主要技术

农业物联网的技术主要包括农业信息感知技术、农业信息传输技术、农业信息处理技术。

一、农业信息感知技术

农业信息感知技术是指利用农业传感器、RFID、条形码、全球定位系统(Global Positioning System,GPS)、遥感(Remote Sensing,RS)等,随时随地收集和获取农业领域物体信息的技术。

(一)农业传感器技术

农业传感器技术是农业物联网的核心,农业传感器主要用于收集各种农业因素的信息,包括种植业的光、温度、水、肥料和气体等参数,畜牧养殖中的有害气体含量、空气粉尘、水滴和气溶胶浓度、温度、湿度等环境指标,水产养殖中的溶解氧、pH值、氨、电导率、浊度等参数。

(二)RFID 技术

RFID 技术利用射频信号通过空间耦合(替换磁场或电磁场)实现非接触式信息传输,并通过传输的信息实现对目标的自动识别。

(三) 条形码技术

条形码技术是集条形码理论、光电技术、计算机技术、通信技术和条形码印刷技术于一体的自动识别技术。条形码技术广泛用于农产品的质量追溯。

(四) GPS 技术

GPS 指术是指利用卫星在全球范围内进行实时定位、导航的技术。利用该系统，用户可在全球范围内实现全天候、连续、实时的三维导航定位和测速。另外，利用该系统用户还能进行高精度的时间传递和精密定位。GPS 技术在农业上对农业机械田间作业和管理具有导航作用。

(五) RS 技术

RS 技术利用高分辨率传感器，通过收集分布在地面上的作物的光谱反射或辐射信息，全面监测作物生长周期，并根据光谱信息进行空间位置分析，为处方农业提供大量的田间时空变化信息。RS 技术主要用于监测作物的生长、水分、营养和产量。

二、农业信息传输技术

农业信息传输技术通过传感设备连接农业传输网络，并使用有线和无线通信网络随时随地进行高度可靠的信息交流和共享。农业信息传输技术可分为无线传感器网络技术和移动通信技术。

(一) 无线传感器网络技术

无线传感器网络（Wireless Sensor Networks，WSN）是一种分布式传感网络，由部署在监测区域内大量的传感器节点组成，通过无线通信方式形成的一个多跳的自组织的网络系统，其目的是协作地感知、采集和处理网络覆盖区域内被感知对象的信息，并发送给观察者。

无线传感器网络可实现农业环境数据采集、传输、处理与控制功能，相继应用到节水灌溉、水产监控、温室监控等农业管理领域，美国英特尔公司在俄勒冈州应用了葡萄园环境监测系统，通过长时间记录葡萄生长过程中关键的日照、温度和湿度等环境因子，经过数据分析提取环境与葡萄的关联关系，为葡萄生产提供信息支持；佛罗里达大学研发了基于无线通信的设施农业管理系统，管理人员通过计算机远程控制设施蔬菜的生长。以上系统通常以温室为单元组建独立的无线传感器网络系统，多个温室通过不同网络分别监测和控制。

（二）移动通信技术

移动通信技术已经逐渐成为农业信息远距离传输的重要及关键技术。农业移动通信经历了3代的发展：模拟语音、数字语音以及数字语音和数据。目前，窄带物联网（Narrow Band Internet of Things，NB-IoT）是物联网领域一项新兴的技术，支持低功耗设备在广域网的蜂窝数据连接，也被叫作低功耗广域。通过NB-IoT智慧设备实时将数据通过NB-IoT网络主动传输至云平台，根据海量设备提供的高精度、大规模的动态监测数据，实现高效的管理与调度，降低管理成本，有效提升服务的质量与效率。

三、农业信息处理技术

农业信息处理技术以农业信息为基础，利用各种智能计算方法和手段向对象提供具体信息，主动或被动地与用户沟通，是物联网的核心技术之一。农业信息处理技术包括农业预测预警、农业智能控制、农业智能决策、农业诊断推理和农业视觉处理。

（一）农业预测预警

农业预测是以已有的或可采集的土壤、环境、气象数据，作物或动物生长、农业生产条件，以及化肥、农药、饲料等农业生产资料的使用情况为基础，建立数学模型，对研究对象未来发展的可能性进行推测。农业预警是指衡量未来的农业条件，预测时间和空间的范围及不准确条件的损害程度，并提出预防措施。

（二）农业智能控制

农业智能控制是指利用农业控制领域的限制，整合人工智能、网络学、系统理论、操作研究、信息理论等多种学科，实现特定控制系统的性能指标最大化或最小化控制。

（三）农业智能决策

农业智能决策是智能决策支持系统在农业部门的具体应用，将知识、数据、业务流程和其他内容集成到人工智能系统、商业智能系统、决策支持系统、农业知识管理系统、农业专家系统和农业管理信息系统中。

（四）农业诊断推理

农业诊断是指农业专家根据对象所表现出的特征信息，采用一定的诊断方法对其进行识别，以判定客体是否处于健康状态，找出相应原因并提出改变状态或预防发生的办法，从而对客体状态做出合乎客观实际结论的过程。农业诊断推理是指利用数学表达和知识表达方法的功能描述来构建基于"症状—疾病—原因"的因果和网络诊断推理模型。

（五）农业视觉处理

农业视觉处理是指利用图像处理技术处理采集的农业场景图像，实现对农业场景目标的识别和理解。视觉信息包括亮度、形状、颜色、纹理等。

第三节　农业物联网产业

一、农业物联网的产业组成

从整个产业链的角度来看，农业物联网的产业运作过程包括以下内容：产品生产与管理、应用设备制造、平台构建与运行、网络接入与维护、价值集成、最终客户。

产品生产和管理服务是农业物联网产业链的中间环节，也是最重要的环节，可分成2个部分。第一部分是进行传统的农业生产改造，把相应的物联网设备应用到生产过程。第二部分是物联网网络的运营支撑系统，包括由各种类型的计算机和相应的管理软件构成的各类管理平台和业务平台。农业物联网应用的不断深入发展必将带来海量的数据处理和信息管理服务需求。农业物联网产业对基于管理和业务的网络运营支撑系统的这部分需求，将促成农业物联网系统平台供应商和系统集成商的出现。

产业化应用是物联网产业链的下游，对物联网的发展至关重要，也是发展和合作空间最广的领域。没有应用就没有需求，没有需求就没有市场，没有市场就没有产业发展的驱动力。农业物联网产业的市场需求，将首先来自政府的产业引导和推动，政府支持和扶持农业物联网技术应用，使农业物联网快速扩大应用范围和覆盖规模，更好地为大众服务并彰显农业物联网的价值。

（一）产品生产与管理

农业物联网要获得长足发展，必须要有竞争性和吸引力的产品。因此，必须对农业产品的生产进行精细科学规划和包装，使产品能够契合投放需求。通常情况下，农业产品的生产由相应的企业和农户提供。

1. 产品生产

农业物联网产品的生产应当有针对性的市场定位。向个人用户提供的产品内容应当具备以下特征：与生活密切相关、安全、健康、有消费体验性等。对于企业用户，则应具有以下特征：大规模批量、安全便捷、可检测，能多样化满足不同企业对相应产品规格、式样、运输、时间等方面的需求。农业物联网的投入很大，初始期应以大规模销售为主，即主要为集中采购服务，同时关注个体需求，这样才能获得最大效益。

2. 产品管理

产品管理是指对生产出的产品进行相应的内容归集和整合，对产品进行细分、打包、个性化处理，建立数据仓库以及电子商务系统。产品管理主要是根据产品的特性和市场的不同需求，对产品经销重新规划，使生产的产品能够有针对性地快速服务于消费客户。

（二）应用设备制造

应用设备制造是农业物联网产业链的上游。传感设备制造工业是基础，也是产业链的技术核心。农业物联网的制造产业链较长，既包括传感器的生产企业，也包括提供物联网技术应用的网络运营商和软件提供商，还有提供农业信息的通信企业。

（三）平台构建与运行

1. 平台构建

农业物联网应用平台开发环节的基本功能是从价值链上游获得内容后，通过各种组合处理，形成能够满足用户需求的应用，然后将该产品提供给下游的各种业务集成层面，也就是把产品生产中的信息用数字化的方式构建数据平台，按照产品应用的方向对各种信息进行综合和利用。一般来说，农业物联网应用的平台建设应有相应的平台提供商，或者购买或者自建相应的网络平台，从而能够为信息的综合利用提供完整的方案。例如，将农产品生产中检测到的数据信息进行周期性的对比，再根据不同时期产品的生长质量进行环比，获得最好的产品生产数据，为后期的生产调节做好准备。

2. 平台运行

通过集中的应用平台，有效管理各类数据应用。为确保应用平台的有效运行，必须抓好以下工作：首先是数据中心的运行维护，必须提供一个安全可靠、可扩容的基础设施确保平台的可持续运行，确保数据的安全和不丢失；其次要有相应的应用管理，因为农业物联网的客户是多样的，企业的产品也是多样的，所以必须要有完善的应用管理，使不同的客户能够接入同一平台服务器的应用，提供有针对性的产品方案和产品信息。目前，很多平台都基本上能够满足中心功能的需求，如农户可以通过手机加入平台，及时了解作物信息，消费者也可以通过相应的方式查询、反馈各种信息。只有平台健康完整的运行，农业物联网相应的技术功能才能得以实现。

（四）网络接入与维护

物联网本身是以互联网为基础的，网络基础对于农业物联网应用至关重要，通过网络接入使感知器、设备终端连接，使最终用户能够使用各种数据。网络接入可以提供足够的数据传输和范围覆盖，充分利用网络信息，获得各种方面的资讯。

（五）价值集成

价值集成环节包括 3 项功能。第一，对价值链进行商务集成，在详细了解客户的不同需求后，向价值链各个环节的参与者明确职责分工，以便有效地进行商务集成。第二，进行技术集成，构造综合解决方案。例如，对农业物联网感应器件、应用平台和网络等进行技术集成，为农业生产创造价值。第三，培养消费者，通过示范效应扩大农业物联网的应用范围和规模，增加产业价值。

（六）最终客户

农业物联网的客户是农业物联网应用不断发展的支持者，他们对整个产业的价值实现起着决定性的作用。客户对产品的选择决定着农业物联网的发展方向，农业产品的销售实现决定着整个产业链的生存。

二、农业物联网的产业特征

目前，农业物联网应用进展仍比较缓慢，根据上文对农业物联网的产业组成的分析，结合当前农业物联网的应用实践，总结农业物联网的产业特征，主要有以下5个方面。

第一，农业物联网产业市场前景广阔。随着国家以及北京、上海、无锡、苏州等地政府和企业对农业物联网投入的不断加大，再加上国内物联网技术的逐渐成熟，农业物联网相应的产品和服务也得到了市场的肯定，并且产生了比传统农业更高的价值。

第二，农业物联网产业处于起步阶段，机遇与挑战并存。目前各地政府和企业都对农业物联网的市场前景保持乐观态度，但是在现实的产业运作中遇到许多短时间难以解决的问题，如技术标准、网络安全、设备维护、农民培养等，不解决这些问题而期望农业物联网产业快速发展显然是难以实现的。

第三，农业物联网产业具有高度的网络化和知识密集性。农业物联网产业是以物联网为基础的，而物联网是在互联网的基础上发展起来的。对农产品产前、产中、产后加工，销售等环节的信息采集、传输、处理和应用的前提就是网络的全覆盖。同时，农业物联网是信息技术的集成应用，需要现代化的知识去适应和使用，因此具有高度的知识性特征。

第四，农业物联网产业具有高附加值性和产业融合性。农业物联网首先是农业对信息技术的应用，发展农业物联网产业不仅需要传统农业的相关者参与，更需要通信、软件等行业的参与，这使农业物联网具有较高的产业融合性。作为农业产业中的高端领域，农业物联网具有高附加值。

第五，农业物联网产业缺乏成熟的商业模式。农业物联网的应用仍属于较低层次，目前的产业政策和机制难以激发产业链各环节的参与热情，不能形成良好的价值回报机制，因而难以促进农业物联网的可持续发展。

第四节　农业物联网运营模式

农业物联网为我国农业提供了培育新经济增长点和实现发展方式转型的契机。农业物联网产业链包括电信运营商、芯片商、设备制造商、应用设备和软件提供商、系统集成商、服务提供商和用户等多个环节。目前，我国农业物联网的开发和应用尚处于起步阶段，产业链条尚存在许多空白，产业竞争规则还不健全，缺乏相关的统一技术标准。产业化发展思路还不清晰，农业物联网的商业模式也未成形。要实现农业物联网的跨越式发展已经不是单一企业或参与主体能够实现的，它依赖产业链各个组成部分的全面合作。

农业物联网的运营模式是农业领域为实现最终用户价值而进行的价值创造过程，是对各参与主体内部结构和流程进行整合，并对各参与主体在价值网中的位置进行重新定位的活动。它是一个结构和体系，包括内部结构以及与外部关联要素的关系和结构。内部结构是运营模式的内部特征，视为"内核"；外部关联是相互作用的外部环境，视为"外层"。农业物联网的运营模式具体包括"政府主导-企业参与"模式、"电信运营商主导-其他合作商参与"模式、"系统集成商和服务提供商主导-电信运营商通道提供"模式、"用户定制-企业实施"模式和"云聚合"模式。从前至后按照农业物联网的发展程度和阶段，步步深入和创新，参与主体不断增加，参与主体之间的联系不断复杂化。

一、"政府主导-企业参与"模式

农业物联网的"政府主导-企业参与"模式，一般是由政府农业管理部门、农业公共事业部门等公共管理机构主导服务平台搭建，电信运营商、系统集成商和服务提供商参与平台建设，客户租用或者购买平台以及相关的软硬件产品，并支付相关通信费用。

该类商业模式是物联网在农业生产经营中最直接的应用体现，可以贯穿于农业物联网发展的各个阶段，政府在其中起着关键性的作用，其对技术和市场的把握非常重要；同时在发展初期，必要的资金投入也是不可缺少的。在农业物联网发展初期，此类商业模式可以作为面向农业市场的主要政策推广模式。农业中重要业务领域的公共事业平台以此类模式搭建，可让农户、农业生产经营企业、农民专业合作社等用户在政府承担成本的情况下免费体验物联网的应用，从而有利于培养这些用户的相关使用习惯，摸索建立符合我国国情的农业物联网应用模式，为物联网行业其他类型的业务推广打下基础。实施农业物联网重大技术专项、开发多功能农业信息化综合服务平台等是应用这类模式最多的领域，其中也可能由通信运营商负责相关公共平台的搭建工作。目前，农业农村部和各地方政府都在财力、人力、物力方面做出了很多努力，推动农业物联网公共服务领域的建设，并取得了明显成绩。

"政府主导-企业参与"模式是在目前我国农业物联网处于起步阶段、前期投入需求大、各参与方合作沟通渠道有限的现实状况下采用最多的一种模式。在《"十四五"全国农业农村信息化发展规划》等文件的指导下，从中央到地方的各级农业主管部门都在组织电信运营商、研究机构、系统集成商和服务提供商等各类主体推动农业物联网的建设和运营。

二、"电信运营商主导–其他合作商参与"模式

在"电信运营商主导–其他合作商参与"模式中电信运营商占据主导地位，无论是在农业业务的开发和推广领域，还是在农业平台的建设与维护等领域，均以运营商为主，系统集成商和服务提供商等他方合作企业参与农业物联网的开发运维。"电信运营商主导–其他合作商参与"模式主要适用的用户范围是农业专业大户、家庭农场、农民合作社等，以采集类和定位类应用为主，应用范围广泛，具体可应用于水体信息监测、土壤信息监测、环境气象监测、作物种植监控、动物养殖监控等领域。

电信运营商是农业物联网建设中不可或缺的重要参与主体，从电信运营商的角度来说，按照建设参与程度和资源投入强度由小到大的顺序，可划分为3种子模式。一是电信运营商直接提供网络连接模式，可简称为通道模式，即由电信运营商向使用M2M业务的农业客户直接提供通道服务，而不通过系统集成商或其他服务商。二是电信运营商合作开发推广模式，即电信运营商与农业物联网系统集成商、服务提供商合作。电信运营商负责农业物联网业务平台建设和网络运行，系统集成商负责农业物联网系统集成业务，服务提供商负责农业物联网业务的开发、运营和推广。三是电信运营商独立开发推广模式，即电信运营商在所有环节全部自营。电信运营商自行搭建平台、开发业务，直接提供给客户。运营商独立开发推广模式因对运营企业初期投入要求较高，所以采用这种方式的农业企业还比较少，目前国内还未出现运营商独立搭建农业物联网平台并开发业务，再直接提供给客户的案例。在这3种子模式中，电信运营商合作开发推广模式是目前国内电信运营商进入农业物联网市场的主流模式，如中国移动、中国电信都在与农业领先的系统集成商、

服务提供商合作，由运营商面向客户推广行业应用产品。

电信运营商的内部结构要素可归结为价值对象、价值主张、价值实现3个维度，外部关联要素为整个农业物联网产业链中的其他重要参与方，包括客户、服务提供商、系统集成商3个维度。电信运营商从自身的角度把内部和外部的各个要素构建在同一个框架下，当不同的结构要素和关联要素相互作用时，电信运营商可以结合具体的设计方向，通过各个要素之间不同的组合进行商业模式的设计（表2-1）。

从上述商业模式结构分析中可以看出，对于参与农业物联网建设运营的电信运营商外部关联维度来说，客户（农业用户）是农业物联网商业模式的价值实现者，客户的满意程度直接影响商业模式所能够创造的价值；服务提供商和系统集成商界面是电信运营商为了实现物物相联以及创造商业模式价值，从自身的内部结构出发，与产业链中其他2个重要环节之间形成的相互关系。

表2-1 农业物联网电信运营商主导模式下的价值分析

维度	客户	服务提供商	系统集成商
价值对象	客户的定位和目标市场细分；客户的需求特征	确定具体的服务提供商；服务提供商的行业结构	确定具体的集成供应需求；系统集成商的行业结构
价值主张	为满足客户需求提供的产品和服务内容；定价结构	为满足电信运营商需求提供的服务；利润分成	为满足电信运营商需求提供的集成服务；利润分成
价值实现	产品和服务的信息传递	纵向一体化；物联网产业链整合	纵向一体化；产业链资源整合

电信运营商内部结构的3个维度是实现农业物联网商业模式的基础。价值主张和价值实现分别与服务提供商和系统集成商进

行组合，定位电信运营商在农业物联网产业链中与其他2个重要环节的相互位置。整合电信运营商与服务提供商、系统集成商之间的竞争与合作关系，是基于电信运营商视角构建物联网商业模式的重要思路，即以"运营商+系统集成商+服务提供商"来整合农业物联网产业链。

三、"系统集成商和服务提供商主导-电信运营商通道提供"模式

"系统集成商和服务提供商主导-电信运营商通道提供"模式是以系统集成商和服务提供商为核心，主导农业物联网的开发运营，电信运营商只提供网络连接并收取流量费用的一种运营模式。例如，Accenture、IBM、InCode Wireless等系统集成商实力强大，有能力将各种硬件设备和软件系统集成为一个即插即用的解决方案，同时兼容农业物联网的技术和协议。

系统集成商和服务提供商租用电信运营商的网络，通过整体方案连带通道打包向用户提供服务。由于农业物联网应用企业专业化特征十分明显，需要由行业内专业系统集成商和服务提供商提供服务，特别是壁垒相对较高、应用要求相对复杂的农业细分领域，更需要对这些细分领域具备长期经验和专业素养的系统集成商、服务提供商的参与。此类系统集成商和服务提供商属于第三方服务企业，具备较强的农业物联网方面软硬件开发和集成能力，同时在行业当中拥有较高的地位。在此类商业模式中，系统集成商和服务提供商是主要的利益获得者和收入分配者，它们的专业技术水平是此类商业模式形成的核心，主要适用的用户是大型农业企业客户、农民专业合作社等，实际的应用类型以固定区域空间内的数据实时采集类监测为主，如大气温度、大气湿度、二氧化碳、土壤温度、土壤含

水量的信息实时采集。

在这一模式中,系统集成商和服务提供商等利用电信运营商提供的通信网络直接为用户提供服务,电信运营商无须专门针对农业物联网客户或项目进行投资,只负责网络连接,提供网络数据传输服务,并不涉及农业市场,主要通过向农业系统集成商、服务提供商或农业用户收取流量费用来维持运营。这种模式对电信运营商来说,不需要与其他农业物联网参与方建立关系,管理比较简单,移动设备使用率增加,不仅没有风险,反而可以提高其收益。

我国国内系统集成商和服务提供商在农业物联网领域的海量数据处理和信息管理服务方面,发展起步相对较晚,行业积累较少,具备实力和影响力的服务提供商还寥寥无几。与此相比,微软、IBM、Infor、甲骨文等具备国际影响力的跨国信息技术服务巨头已经争先恐后地在全国各地跑马圈地。

2013年初,河南省农业机械管理局采用IBM主机平台,成为IBM布局河南"智慧农业"的第一家政府管理机构。IBM主机具有GPS定位、实时数据收集、数据集成等功能,可以支持运营分析、大规模云计算及终极安全保护等服务需求,使农业生产经营实现真正意义上的"智慧化运营"。

IBM近年来在农业物联网方面投入很大,已经形成了具有突出行业竞争力的解决方案提供能力。IBM所打造的农业物联网平台涉及物联网、传统工控技术、自动化、云平台、大数据处理、电子商务、社交平台、ERP、商业智能、电子结算等技术,还包括B2C、B2B、O2O等商业模式的电子交易平台。平台融合大量的IBM独有的行业解决方案和创新技术。平台以企业方式运作,以融合各方利益为基础。通过产业链上众多不同类型企业的加入,如种植、养殖、加工、物流、仓储、银行、保险、地产、零售商和消费者等，形成一个具有良好规范的业态。政府作为监管机构，为平台提供行政、监管服务，通过商业智能的手段宏观把握业态的运行并给予引导。

四、"用户定制-企业实施"模式

"用户定制-企业实施"模式是用户负责整个农业物联网服务体系的搭建，并承担物联网平台的全部费用。在这类模式中，用户是唯一的核心，电信运营商、系统集成商和服务提供商等其他个体起辅助作用。一般来说，此类用户市场力量相对强势，其物联网应用需求具有较强的私密性要求，对于信息的感知和传递有较高的安全性要求，物联网应用所涉及的生产经营环节对其品牌及核心竞争力具有较大影响。

在农业信息化发展程度较高的阶段，电信运营商提供的业务种类往往不能满足农业企业客户对于农业物联网应用的需求。要完成客户要求，需要电信运营商联合系统集成商和服务提供商，定制开发业务。这种差异化的应用与服务，确立了用户在物联网产业链中的主导地位，并使电信运营商、系统集成商和服务提供商的合作方式和获取利润的渠道产生变化。作为一种特殊的商业模式，客户定制模式能够在任何一种农业物联网运营模式中存在。

（一）用户定制下的电信运营商主导模式

在满足用户定制要求的前提下，电信运营商如果采取合作开发、独立推广的商业模式，用户定制的业务需求就由电信运营商与系统集成商、服务提供商共同提供，用户根据定制业务向电信运营商支付费用，由电信运营商按照业务量或比例与系统集成商、服务提供商分成。

电信运营商如果采取独立开发、独立推广的商业模式，用户定制的业务需求就由电信运营商独立开发完成，用户所支付费用由电信运营商独自获得。但也可能向上游的农业物联网系统集成商、服务提供商等外包部分业务。

(二) 用户定制下的系统集成商和服务提供商主导模式

在这一模式下，电信运营商仅承担网络通道服务，通过收取流量费用获取利润。用户定制的业务需求主要由系统集成商和服务提供商等提供，利润主要由系统集成商和服务提供商分享。

(三) 用户自行实施模式

如果农业物联网客户企业能够独立完成业务开发与业务运营，那么客户企业只需要电信运营商为其提供数据通信网络服务，并直接缴纳费用。这种模式适合一些实力非常强且有自行定制物联网业务能力的大型农业企业。在这种模式下，电信运营商除了为这类大企业提供企业所需的数据流量外，无须提供更多的业务增值服务，系统集成商和服务提供商的业务内容由农业企业自身承担。美国嘉吉集团、我国中粮集团等大型农业企业集团适用于此类模式。

五、"云聚合"模式

成功的商业模式要能为用户提供独特价值，确保产业链各环节通过确立自身与众不同的地位来保证利润来源不受侵犯。在农业物联网商业模式上，有许多专家结合云计算的思路提出了"云聚合"的概念，认为"云聚合"模式将成为农业物联网未来发展的方向。

通过分析农业物联网运营平台的功能和性能需求，具有以下3个特征适宜应用云计算。

一是对资源有大规模、海量需求。未来农业物联网运营平台需要存储数以亿计的传感设备在不同时间采集的海量信息，并对这些信息进行汇总、拆分、统计、备份，这需要弹性增长的存储资源和大规模的并行计算能力。

二是资源负载变化大。农业随季节、地域应用的峰值负载、闲时负载和正常负载之间差距明显，因此存在负载错峰的可行性。

三是以服务方式提供计算能力。虽然不同农业领域应用的业务流程和功能存在较大不同，但从农业物联网运营角度来看，其计算控制需求是相同的，都需要对采集的农业数据进行分析处理，因此可以将这部分功能从细分领域密切相关的流程中剥离出来，包装成面向不同农业细分领域的服务，以平台服务方式提供给用户，用户只要满足服务接口要求，就能享受到这些服务。例如，可以在农业物联网运营平台实现一个土壤监控的计算模型，并开放服务接口，按需调用这个接口就能够获得监控数据分析结果。

农业物联网"云聚合"模式是一种建立在云计算基础上，以农业用户服务为核心，根据已有的农业物联网运营平台和业务能力，针对农业市场整合内外部资源，形成农业用户、农业企业、农民专业合作社、电信运营商、系统集成商和服务提供商等其他市场参与者共同创造价值的网络商业模式。其主要特点：在一定的安全机制下，形成信息全面自由流通，通过大量快速的信息传送来实现农业产业链快速增值的局面。各个主要参与体通过不断的投入产出活动吸引用户资源并创造价值。

首先，农业物联网"云聚合"模式是一个整体，由各云团有机组成，它们之间紧密联系，通过互相作用形成一个良性循环。其次，"云聚合"的微观基础由无数个传感器设备（智能尘埃）组成，每个智能尘埃含有微处理器、通信芯片、感知单元等，能够以较低功耗执行监视和控制任务。最后，"云聚合"的价值创造模式从价值链提升到价值网这一层次。传统的价值链模型中，上下游企业之间的交流只能是线性流动，而在价值网中，不同企业之间直接跨边界合作。

　　农业物联网的"云聚合"添加了用户群体的因素，用户一直贯穿整个价值创造活动的始终，并有可能向商家和投资者转化。因此，客户服务和客户价值分析是商业模式的原动力，只有客户越来越多，"云聚合"的规模才会越来越大。此外，这一模式充分考虑了政府的影响。随着农业"云聚合"网络的不断发展，许多相关机构、个人等主体也将参与进来，形成新云。各级政府正在加大力度支持农业物联网的发展，可以通过相关政策法规向新云吹"政策风"，使其与现有农业物联网网络融合。

　　在"云聚合"模式下，农业产业链不同环节直接沟通，信息流通更加通畅。随着用户的增多，资源的利用率大大提高，聚集效应也越显著。"云聚合"的结构还可以根据农业市场动态做出及时调整，"云聚合"的地域分散性也降低了农业收益风险。

　　农业物联网"云聚合"模式既符合未来主流计算模式——云计算的趋势，也符合物联网体系结构的发展特点。目前不同的农业物联网应用大多处于"孤岛状态"，比如种植系统的物联网只有种植系统的相关主体才能进入，养殖系统的物联网只有养殖系统的相关主体才能进入，彼此之间缺乏共享，制约了农业物联网潜在价值的发挥，"云聚合"模式则能促进云内部和云之间各种关系的融合，打破不同细分网络之间的壁垒。

第三章　物联网+大田种植

第一节　大田种植概述

一、大田种植的概念

大田种植，简单来说是指在规模较大的田地上种植作物。种植的作物既可以是小麦、水稻、玉米等粮食作物，也可以是棉花、牧草等常见的经济作物。

大田种植业的特色是种植区域面积广阔，以连片的平原为主，地势十分平坦，适合大规模的机械化作业，但是种植区域内气候复杂多变。大田种植主要分布在东北、西北、华北和长江中下游等地区。

二、规模化大田种植的推动力

一是劳动力成本刚性增长，越来越需要用机械替代人力。

二是工业化的发展，让机械变得更好、更便宜、更容易让农民接受。

三是土地"三权"分置的实现，大大有利于土地流转，实现各种形式的规模经营。

第二节 大田种植智能化的发展

一、大田种植发展现状

大田种植是我国重要的农业生产方式，体现了我国的农业生产水平。目前，我国的大田种植已基本实现机械化生产，但不同地区的种植种类、种植规模、种植模式等差异较大，地区之间发展不平衡现象突出，保障粮食产量更多地依靠资源投入。随着人口老龄化和产业转型升级的需求，根据我国大田农业发展的现状，迫使我国必须走智慧大田发展之路。

实现大田种植的数字化，甚至智能化，需要利用无线传感器网络和物联网技术支撑，通过远程在线方式，采集高精度的产前地块和生产资料信息，产中光、热、水、肥、气等种植参数和产后农产品收获管理等信息，从而实现精准深松、精准平地、变量施肥、精准植保、自动"四情"监测、农机智能调度、精准浸种育秧和精准播种收割的目的。

近年来，随着机械化装备和自动化控制技术的快速发展，我国大田种植技术水平出现了较大程度的提升，尤其是农业物联网技术在大田种植中的应用，带来了翻天覆地的生产和管理变化，整个大田种植向着精准、高效的方向快速发展。然而，在智慧大田种植发展中，仍然面临很多问题，如人才短缺、农业从业人员知识文化水平不高、设备和软件服务成本高、传感器精度不准、数据获取难、技术实用性不强、资金支持力度有限等，这些问题都直接或间接地影响了大田种植智能化的发展。

二、大田种植智能化的发展阶段

(一) 萌芽期

20世纪80年代,在政策影响下,我国农业产业结构发生了很大的变化,使农业发展走上了新的台阶,大田种植模式也逐渐由人力、畜力向机械化过渡,在大田作物栽培、病虫害防治、生产管理方面有了显著的进步。

(二) 快速发展期

20世纪90年代,是大田种植技术的快速发展期,大田作业机械成为农业发展的新方向,科研人员也为此不断地努力奋斗着。较大规模的机械化在黑龙江农垦等地区得到应用。

(三) 规模应用期

21世纪,精准农业、新技术的快速发展为农业机器人的发展提供了新的可能。随着大数据、云计算和人工智能技术的进步,智慧大田种植处于规模应用期。无人机植保等的大规模应用,不仅提高了生产效率,也改善了生态环境。部分智能化系统开始规模化应用,激光平地、无人机植保、测土配方施肥、大田种植物联网、农机智慧调度、采收智能作业机械装备等也在不断发展。

(四) 智能决策期

2017年9月,英国哈珀亚当斯大学(Harper Adams University)与精准决策公司(Precision Decision)合作研究了建设无人农场的可行性,实现了从种植到收割小麦的无人直接介入的生产过程。在该项目中,农场主在控制室操作自动拖拉机进行播种和喷洒,利用无人机监控、评估作物生长情况,应用自动联合收割机对小麦进行收割。2018年6月,我国在江苏兴化借助北斗卫星导航,完成了耕整、打浆、插秧、施肥施药、收割等农业生产环节的无人农机作业试验。美国、以色列等已经采用了自动驾驶、智能滴灌、变量施药等智能化新技术。日本正在快速推进通过卫星数据激活无人农业。澳大利亚已把无人驾驶拖拉机应用于耕作。这说明在农业生产中全程自动化、智慧大田智能控制与无人值守作业已成为可能。

三、大田种植智能化的发展趋势

大田种植智能化进一步发展。在生产领域精准、精细；在经营领域，实现高度的定制大田；在信息服务领域，全方位地实现动态、实时的信息服务，最终实现精准、精致、高效和绿色大田种植。

在大田种植生产作业环节，摆脱人力依赖，由人工走向智能，构建集环境生理监控、作物模型分析和精准调节于一体的农业生产自动化系统和平台，根据自然生态条件改进农业生产工艺，进行农产品差异化生产。在生产管理环节，特别是一些农垦区、现代农业产业园、大型农场等单位，智能设施与互联网广泛应用于大田农业测土配方、茬口作业计划及农场生产资料管理等生产计划系统，以提高效能。

在信息服务方面，要提供精确、动态、科学的全方位大田种植信息服务，面向"三农"的信息服务为农业经营者传播先进的农业科学技术知识、生产管理信息及农业科技咨询服务，引导龙头企业、农业专业合作社和农户经营好自己的农业生产系统与营销活动，提高农业生产管理决策水平，增强市场抗风险能力，做好节本增效、提高收益。同时，云计算、大数据等技术也进一步推进大田种植管理的数字化和现代化，促进农业管理高效和透明，提高农业部门的行政效能。

第三节　物联网技术在大田种植中的应用

一、大田种植物联网简介

大田种植物联网以先进的传感器、云计算、大数据以及互联网等信息技术为基础，由监测预警系统、无线传输系统、智能控制系统及软件平台构成，通过统一化的监控与管理监测区域的土壤资源、水资源、气候信息及农情信息（苗情、墒情、虫情、灾情）等，构建以标准体系、评价体系、预警体系和科学指导体系为主的网络化、一体化监管平台，使大田种植真正做到长期监测、及时预警、信息共享、远程控制，最终改善产量与品质。

大田种植物联网可以连通相对孤立的信息节点，从而达到信息的及时上传/下达，政府部门统一管理、分析以市、县、乡、村、场为基点的信息，这些信息可为政府部门宏观决策提供数据支持。

二、大田种植物联网监测系统

大田种植物联网监测系统可以准确控制肥水灌溉量，实现土壤水分和养分的精确控制，在节约水资源的同时也节约了人力成本。通过土壤传感器可精准测量土壤的含水量。通过气象数据（如风速、风向、大气压力、降水量等）可随时关注气象变化，提前做好防护措施，以减小灾害天气的影响。图3-1为大田种植物联网监测系统。

大田种植物联网监测系统主要包含3个部分：信息采集、设备的自动控制和信息的发布与智能处理。

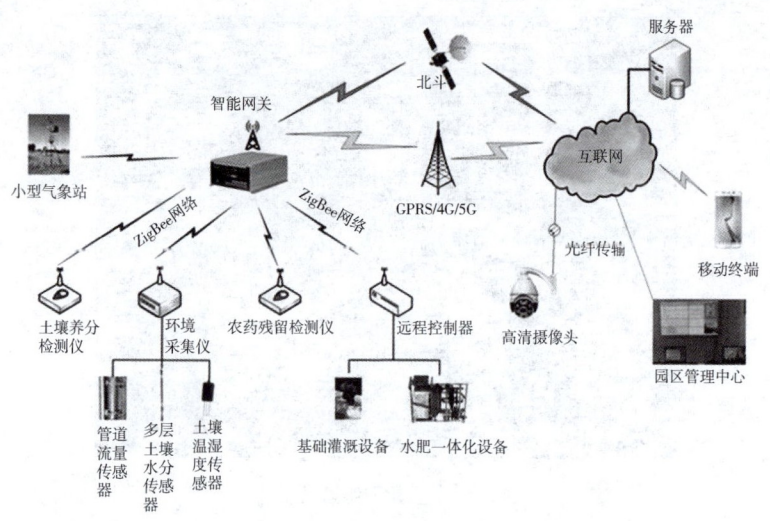

图 3-1 大田种植物联网监测系统

(一)信息采集

信息采集的设备主要是前端的传感器,其中包括土壤温湿度传感器(图 3-2)、光照传感器、风速传感器以及雨量传感器等,将这些传感器放置在田地间,通过对农作物生长环境的监测,进行实时数据的反馈,反馈好的数据传输到管理人员的计算机或手机端,从而为农作物生长提供精准的监测和科学依据,实现智慧农业的数据传输。

(二)设备的自动控制

设备的自动控制有灌溉系统和水肥一体化系统,一个是将水源过滤后精准传送至农作物的根部,另一个则是和肥料一起传送至农作物的根部。这 2 个系统都是通过滴灌带对农作物进行灌溉,根据农作物所需的水分和养分,对其进行精准估算,然后将水分和养分定时定量且均匀地输送至农作物的根部,从而使农作

图3-2 土壤温湿度传感器

物茁壮生长,不会浪费过多的水肥资源,这也是智慧农业发展的一部分。

(三) 信息的发布与智能处理

信息的发布与智能处理包括了视频监控系统、信息展示系统与应用软件平台,视频与图像监控很直观地显示了农作物的状态,比如作物缺水了又或者是营养不够导致植株过小等,都可以通过视频直接展示;信息展示则是通过监视器或液晶显示屏来实现,可以观看农作物情况;应用软件平台则可通过计算机端或手机端实时显示农作物的各项数据,管理人员可以根据数据对农作物进行操控,简单又方便,实现了将科学与农业相结合,走向智慧农业。

三、激光平地

早在20世纪80年代中期,农业激光平地系统就已经被广泛应用。该系统可用于整平土地,以便于灌溉,减少水土流失,增加土地产出率。

农业激光平地系统主要由激光发射器、激光接收器、控制器和液压执行机构组成。其工作原理:激光发射器发出一定直径的基准圆平面(也可以提供基准坡度),装在刮土铲支撑杆上的激光接收器将采集的信号经控制器处理后控制液压执行机构,液压执行机构按要求控制刮土铲上下动作,即可完成土地平整作业。

用激光平地技术设备平整稻田,具有地平、省地、节水、增产等作用。激光平地技术设备由发射器、接收器、控制箱、液压阀和平地铲等组成,可在直径 600 m 范围内平整土地,平地后的土地高低差在 1 cm 范围内,可达到"寸水不露泥,灌水棵棵到,排水处处干"的效果,可使水稻在各生长期获得最佳水层。使用该技术可减少池埂用地 2%~3%、省水 30%、增产 10%。图 3-3 为拖拉机牵引刨式平地机在激光控制下进行平地作业。

图 3-3 激光控制下的平地作业

四、无人机植保

农业航空技术有着作业效率高、作业效果好、作业适应性广和作业成本低等特点,特别适用于大田种植场景,对于作业条件相近的作物,可以实现相似作业。作为一种适应性较强的机械,农业航空机械可对作业条件相似的不同作物进行作业,可进行多功能作业且具有较好的功能切换模式。植保机械需要实现喷药、打顶、抽雄、施肥、除草、修剪、耕作、嫁接和农产品分级等方面的工作,其中无人机植保(图 3-4)可以方便地实现大规模、高效率的喷药、打顶操作,搭载监测仪器的无人机还可以实现农田和作物的信息监测与管理。

图 3-4 无人机植保

通过清理、整合等方式,将散乱的农业航空作业过程中的各类生产要素(植保无人机、作业人员、土地、作物、农资等)及流通过程和经营主体的海量数据,变为可供分析的数据集,通过数据处理,探寻科学合理的现代农业航空精准方式,保障食品质量与安全。

五、农机智慧调度

针对现今农机与农户间信息不对称，许多农机仅局限于本合作社或本区域作业，农户无法及时找到农机手进行耕收等现象，农机智慧调度技术可以有效解决"有机无田耕、有田无机耕"的问题。

农户根据自身作业需求，提前发出预约服务，标注相应的发单人信息、作业时间、地点、面积、类型、理想报价等，农机拥有者可根据信息发布者的距离路线、作业内容进行接单。农机手可在此模块下自行发布农机类型、农机数量、作业地点、理想报价等租用信息，农机需求者可对应自身需求内容进行选择，实现农机需求者和农机拥有者的精准对接。依托省级 GIS 管理系统，对接各农机服务中心及各加油站地理位置信息，为农机使用者农机加油、部件维修等日常需求提供便捷的资讯服务。

通过农机智慧调度技术，预约服务方式，农户将作业内容等需求信息发布后，附近农机手即可直接接单，从而有效解决农机闲置问题，提升耕种收割效率。同时，可借助该技术拓展更多的农业服务内容，包括农资购买、农产品销售及金融等服务。

六、采收智能作业机械装备

大田作物的整个生产过程涉及土壤耕作、播种或栽植、田间管理（除草、施肥、灌溉、病虫害防治等）、收获与储藏等不同农业生产工艺过程。由于大田作物生长的季节性特点，每个农业生产工艺过程的实施不仅需要一定数量适用的农业机器和技术合格的操作者，而且必须按照大田作物生产的要求并结合自然条件去合理组织生产，才能保证及时完成任务，取得较好的技术经济效益。这些合格的操作者、适用的农业机器与作业对象（如土壤、种子、农作物等）、作业所处的自然环境按一定方式组织协调起来，共同构成了大田作物机械化作业系统。

实现农机具智能化是农业生产发展的必然要求和趋势，最后实现机械化收获、运输及储存智能化。大田作物机械化收运过程（图3-5）包括机组作业前准备和机组作业过程2个阶段。机组作业前准备包括作物收获工艺方案规划与选择、机组准备、田间准备、作业计划制订与调度等。其中，机组准备包括机组选择或编组、机组检修调整与保养；田间准备包括机组作业路径选择和田间清理等。收获机组和运输机组涉及机组负荷考查与编配、机组开始工作时的检查调整、收获运输是否正常作业、技术保养及作业质量检查与安全等工作。

图3-5　水稻智能收割机田间作业

第四章 物联网+设施园艺

第一节 设施园艺概述

一、设施园艺的概念

设施园艺是指在露地不适于园艺作物生长的季节或地区，利用温室等特定设施，人为创造适于作物生长的环境，根据人们的需求，有计划地生产安全、优质、高产、高效的蔬菜、花卉、水果等园艺产品的一种环境调控农业。

二、设施园艺的特点

与露地栽培相比，设施园艺具有以下特点。

（一）设施园艺地域性强

应充分利用当地自然资源，例如，发展日光温室，一定要选择冬季晴天多、光照充足的地区，避免盲目性。有些地区有地热（温泉）资源、工业余热等，可以用于温室加温，应充分利用，降低能源成本。

（二）设施园艺投资大

设施园艺中的设施类型多样。各种设施在生产中都能发挥特定的作用，但因其性能不同，各自的作用又有不同，在选用时应根据当地的自然条件、市场需要、资金投入、技术、劳力、栽培季节和栽培目的选择适用的设施进行生产。

设施园艺生产除需要设备投资外，还需加大生产投资。因此，必须在单位面积上获得最高的产量、最优质的产品，提早或延长（延后）供应期，提高生产率，增加收益，否则对生产不利，影响发展。

(三) 需要进行环境调节

园艺作物设施栽培，是在不适宜作物生长的季节或地区进行生产，因此设施中的环境条件，如温度、光照、湿度、营养、水分及气体条件等，要靠人工进行创造、调节或控制，以满足园艺作物生长发育的需要。环境调节控制的设备和水平直接影响园艺产品的产量和品质，也就影响着经济效益。

(四) 要求较高的管理技术

设施栽培技术要求首先必须了解不同园艺作物在不同的生育阶段对外界环境条件的要求，并掌握保护设施的性能及其变化规律，协调好两者间的关系，创造适宜作物生长的环境条件。设施园艺涉及多学科知识，要求生产者素质高、知识全面，不但懂生产技术，还要善于经营管理，有市场意识。

(五) 生产专业化、规模化和产业化

大型设施园艺一经建成必须进行周年生产，提高设施利用率，而生产专业化、规模化和产业化才能不断提高生产技术水平和管理水平，从而获得高产、优质、高效。

三、设施园艺的层次

从设施条件的规模、结构的复杂程度和技术水平划分，设施园艺可分为4个层次。

(一)简易覆盖设施

简易覆盖设施主要包括各种温床、冷床、小拱棚、荫障、荫棚、遮阳覆盖等简易设施,这些农业设施结构简单,建造方便,造价低廉,多为临时性设施。主要用于作物的育苗和矮秆作物的季节性生产。

(二)普通保护设施

通常是指塑料大中拱棚和日光温室,这些保护设施一般每栋为 200~1 000 米^2,结构比较简单,环境调控能力差,栽培作物的产量和效益较不稳定。一般为永久性或半永久性设施,是我国现阶段的主要农业栽培设施,在解决蔬菜周年供应中发挥着重要作用。

(三)现代温室

通常是指能够进行温度、湿度、肥料、水分和气体等环境条件自动控制的大型单栋和连栋温室。这种园艺设施每栋一般在1 000 米^2 以上,大的可达 30 000 米^2,用玻璃或硬质塑料板和塑料薄膜等进行覆盖,配备计算机监测和智能化管理系统,可以依据作物生长发育的要求调节环境因子,满足生长要求,能够大幅度提高作物的产量、质量和经济效益。

(四)植物工厂

这是农业栽培设施的最高层次,其管理完全实现了机械化和自动化。作物在大型设施内进行无土栽培和立体种植,所需要的温度、湿度、光照、水分、肥料、气体等均按植物生长的要求进行最优配置,不仅全部采用计算机监测控制,并且采用机器人、机械手进行全封闭的生产管理,实现从播种到收获的流水线作业,完全摆脱了自然条件的束缚。但是,植物工厂建造成本过高,能源消耗过大,目前只有少数投入生产,其余正在研制之中或为宇航等超前研究提供技术储备。

第二节 设施园艺智能化的发展

一、设施园艺的发展现状

设施园艺是设施农业的标志产业之一,是集优质、高产、高效、安全于一体的现代农业生产方式,是农业生产方式转变和农业结构调整战略的重要支撑。多年以来,设施农业在保障和丰富蔬菜供给、改善农业生产条件、提高农业经济效益、推动农村经济发展和促进农民就业增收等方面发挥着重要作用。农业农村部最新数据显示,我国设施农业面积达 4 270 多万亩①,占世界设施农业总面积的 80% 以上,其中设施蔬菜面积占设施农业面积的 81%。但同时,我国设施农业还存在设施简陋、环境调控水平较低、生产管理规范较差、生物和非生物障碍频发、产品质量不理想等多重问题。例如,机械化水平,全国大田作物机械化水平平均达到 70% 以上,但设施园艺只有 35% 左右;再如,连作障碍、酸化和盐渍化、生物侵染性病害等,不断影响着设施农业生产。

当前设施园艺科技需求的重点,是提质增效和推进现代化技术,未来需求的重点则是智能化技术。设施园艺必须首先实现机械化、自动化、数字化、网络化,之后才能够实现智能化。

二、设施园艺物联网

设施园艺涵盖了建筑、材料、机械、自动控制、品种、栽培、管理等多个学科和多种系统,因而科技含量高,是一个国家或地区农业现代化水平的重要标志之一。随着生活水平的提高,

---

① 1 亩 ≈ 667 米^2。全书同。

人们对设施园艺产品的技术需求日益增长，而设施园艺物联网也在近年来悄然应运而生。

在设施园艺中广泛应用物联网技术，布局设施园艺物联网，可大幅提高温室环境控制的自动化和智能化水平，显著减轻设施作业人员劳动强度和节约生产成本，显著提高土地产出率、资源利用率和劳动生产率，有效增强农业综合生产能力、抗风险能力和市场竞争力，促进设施园艺产业健康快速发展。

随着设施园艺产业规模的日渐扩大以及物联网技术的不断成熟，设施园艺物联网也从无到有并逐渐壮大。现代化大型温室面积不断增加，无土栽培将成为主流，设施园艺中的温室环境系统的自动化、智能化水平越来越高，未来的计算机控制与管理系统将朝远距离、多因素、多样化方向发展，多媒体服务系统将成为未来温室中计算机应用的热点，而云计算、大数据、模糊推理、遗传算法、智能挖掘等人工智能技术将逐步取代传统的数据采集和监测，成为智能控制系统的主要功能。未来的计算机人工智能系统与气象站、种苗公司生产资料、病虫害测报等相连接，不仅能做到栽培环境全自动控制，而且可以综合分析农资市场、气象、种苗、病虫害等情况，进行产量、产值的预测，为生产者提供更为广泛的信息情报和确切的决策依据。

第三节　物联网技术在设施园艺中的应用

一、温室环境自动控制系统

温室又称暖房，是能透光保温（或加温）、用来栽培植物的设施（图4-1）。温室生产以调节产期、促进生长发育、提高质量和产量为目的，而温室设施的关键技术是环境控制，即调节温室内的湿度、温度、光照等环境因子，创造出适宜植物生长的最佳环境。温室环境自动控制系统，是实现温室环境因子调节的自动控制和管理系统。该系统通过实时监测温室内的土壤和空气湿度、温度以及光照强度等环境参数，结合控制算法来优化控制过程，实现温室种植技术的精准化、信息化、数字化、智能化。

图 4-1　温室

温室内存在各种变量参数（如温度、湿度等），需要由各种监测装置进行监测，并由各执行机构进行动态调节，以达到改良温室内部小环境、提供适宜植物生长的外部条件以及减轻人的劳动强度的目的。发展温室种植，是我国农业走现代化道路的一种有效途径，对提高经济效益、改善农业生态环境具有十分重要的意义。

温室环境自动控制系统利用当前最先进的物联网技术，采用分布式系统架构，对温室内生产环境进行实时监测。系统分 3 层架构。第一层，温室现场监测控制层。各种传感器均连接到相应的采集控制器上，采集控制器对本温室内空气温度、空气湿度、土壤温度、土壤含水量、光照强度等各种环境参数进行采集，并根据用户设置的控制条件和相应的控制逻辑实现对风机、水帘、遮阳网等执行设备进行智能调控。第二层，总控室群测群控层。采集控制器通过无线方式将采集到的数据传输给总控室内的计算机，计算机上安装温室管理软件，实现对园区内所有温室各环境参数的集中管理，并通过数据列表、趋势曲线等形式显示出来，园区管理员可以在总控制室内实现对所有温室的实时数据、历史数据浏览和控制逻辑的修改等管理工作，主控计算机发出的控制指令也是通过无线方式传送到相应的设备，管理员无须亲自到温室现场就可以实现对温室环境的轻松管理。此外，总控制室内设置大液晶显示屏，使各温室内的数据和趋势曲线一目了然，方便地实现了"分散采集控制、集中操作管理"和无人值守。第三层，网络远程访问层。系统设计开发了基于 B/S（Browser/Sever）结构，即浏览器/服务器结构的数据管理级远程综合服务平台，能够对温室内环境数据进行网络发布，任何一台能够上网的计算机都可以在授权后浏览到本园区的各个温室环境信息，可以大幅度提高温室生产管理水平，降低管理成本，提高生产效率。该系统已经在全国各地的现代设施农业项目中得到广泛应用，技术成熟，系统运行稳定，性价比高，配置灵活，可扩展性好。

二、水肥管理系统

微灌（滴灌、微喷）等精准灌溉方法的应用给施肥技术带来了极大的变化，并导致了水肥灌溉技术的兴起。利用滴灌系统进行施肥是将可溶解于水的化肥按设定比例混合在灌溉水中直接滴灌在植物的根部，或利用微喷灌系统在喷洒水时直接进行叶面施肥，迅速、均匀地完成大面积施肥，省力、省时，避免浪费。

这是传统施肥、施药方法所不具备的，特别是采用地膜覆盖的作物人工追肥十分困难，配置微灌施肥装置是解决这一难题的最佳途径。

向灌溉系统的压力管道内注入可溶性肥料的设备称为施肥装置，主要有泵注方式、文丘里式、压差式、水驱动混合注入式等。其中，水驱动混合注入式控制精确、无附加动力，应用越来越广泛。自动施肥系统主要应用于无土栽培和经济价值较高的作物栽培，自动施肥装置受计算机或小型控制器控制以实现精确施肥。

灌溉施肥控制按复杂程度和投资多少可分为手动控制、手动延时控制、程控器控制、自动控制等方式。

手动控制是指按作物灌溉施肥的需要人工开关灌溉阀门及调节水量和施肥量。常规的管路阀门就可实现控制，这是最简单的控制系统，设备投资低、人工管理的劳动强度较大、控制精度低。

手动延时控制是指人工开启灌溉系统的定量阀门进行灌溉施肥，定量阀门会按设定的灌溉量或灌溉时间自动关闭阀门，实现半自动灌溉。这种方法安装使用简便，设备投资不高，可减轻劳动强度，准确实现控制精度。

程控器控制是指利用时间控制器、可编程控制器、单板机等制成的小型灌溉控制器，它可以进行简单的灌溉程序编制，并按设定程序向控制执行单元发出控制电信号，启闭灌溉设备水泵、电磁阀等。该系统可以实现闭环自动控制，大大减轻劳动强度，减少管理人员，实现精量灌溉，由于需要配置电磁阀等装备，控制系统投资相对要高。

自动灌溉施肥控制器可以根据农作物种植土壤需水信息利用自动控制技术进行农作物灌溉施肥的适时、适量控制，在灌水的同时，还可以施可溶性肥料或农药。可以将多个控制器与1台装有灌溉控制专家系统软件的计算机（上位机）连接，实现大规模工业化农业生产。

自动灌溉施肥器适用于连片日光温室或连栋温室大棚的灌溉施肥控制。它是一个设计独特、操作简单和模块化的自动灌溉施肥系统，能够按照用户设置的灌溉施肥程序和EC值/pH值实时监控，共享专家控制数据库的丰产优质生产数据，通过自动灌溉施肥控制器实现对灌溉施肥过程的全程控制，保证及时、精确地将水分和营养供应给作物，使施肥和灌溉一体化进行，大大提高了水肥耦合效应和水肥利用效率。

三、自动作业与机器人

随着电子技术和计算机技术的发展，智能机器人已在众多领域得到了日益广泛的应用。在农业生产中，由于易对植被造成损害、易污染环境等原因，传统的机械通常存在着这样或那样的缺点。为了解决这个问题，国内外都在进行农业机器人的研究，特别是在一些发达国家，农业人口较少，劳动力问题突出，对农业机器人的需求更为迫切。同时，农业机器人相对于传统农业机械能够更好地适应生物技术的新发展。

目前，农业机器人在农业领域得到很大进展，其功能已经非常完备。它们能够代替人的部分劳动，有些人类做不到的事情机器人可以做到，而且工作效率非常高。它们可以从事艰苦条件下的重体力劳动、单调重复的工作，如喷洒农药、收割及分选作物等有望由农业机器人系统完成，以解放出大量的人力资源。机器人正在或已经替代人的繁重体力劳动，可以连续不间断地工作，极大地提高了劳动生产率，是农业智能化不可缺少的重要环节。目前已开发出来的农业机器人有耕耘机器人、除草机器人、施肥机器人、喷药机器人、蔬菜嫁接机器人、收割机器人、采摘机器人（图4-2）等。我国已研制成功蔬菜嫁接机器人并成功进行了试验性嫁接生产。

图4-2 采摘机器人

由中国农业大学研制的蔬菜嫁接机器人解决了蔬菜幼苗的柔嫩性、易损性和生长不一致性等难题，可以对蔬菜的砧木和穗木进行自动化嫁接，可广泛用于黄瓜、西瓜、甜瓜等的嫁接。目前，中国农业大学的科技人员对机器人的机器结构和控制软件进行了改进，提高了机器作业的可靠性及其操作的方便性。蔬菜嫁接机器人的研制成功，为我国发展温室栽培的蔬菜瓜果嫁接的规模化、产业化提供了一种先进的作业设备。我国还成功地研制出番茄采摘机器人。它带有彩色摄像头，能够判断果实的成熟度。由于位置误差，它采摘的成功率约为75%，对于实际需要，这个成功率是可以接受的。

东北林业大学研制出林木球果采集机器人。这种机器人可以在较短的林木球果成熟期大量采摘种子，对森林的生态保护、森林的更新以及森林的可持续发展等都具有重要的意义,很好地替代了目前在林区仍主要采用人工上树手持专用工具来采摘林木球果的做法。伐根机器人主要用于收集森林采伐剩余物和培育优质工业用材林。它的应用有望克服我国的森林资源危机,改进我国的森林资源利用。

农业机器人将朝着以下3个方向发展。一是经过长时间的摸索,找出最佳的作业方法,以提高农产品的质量与数量。二是机器人不能简单地模仿人的动作,而要用机器人易于实现的动作代替人的动作,从而在目前难以实现机械化的领域也能实现机械化与自动化。另外,通过生物工程使生物形态尽量均一化、规格化,使农机农艺结合,防止机器人结构过于复杂,使其价格趋于合理,便于推广。三是改变机械手的终端执行器和计算机软件,做到一机多用,以提高效率、降低成本。

四、病虫害管理专家系统

(一) 设施作物病虫害发生特点

1. 设施作物病害发生特点

(1) 土传病害发生严重　由于温室、大棚等设施建成后难以移动,设施内作物又经常高密度连作栽培,复种指数高、种植作物种类单一、轮作倒茬困难,致使土传病害病原菌大量积累和传播,土传病害的发生严重,且防治起来十分困难。例如,黄瓜枯萎病、菌核病、根结线虫病、疫病、蔓枯病等都比露地发生更为严重。

(2) 低温高湿病害发生严重　我国生产用的设施类型主要是塑料大棚及节能日光温室,棚室内环境相对密闭,棚内水分不易散失,早晚空气相对湿度常达饱和状态,又因不设加温设备,寒冷季节夜间极易出现低温,夜间棚内温度下降1℃,湿度就会提高3.5%~4.5%，作物表面长时间结露，抵抗力下降。因此，喜低温高湿的病害可迅速发展，如黄瓜霜霉病、番茄晚疫病、辣椒疫病等都比露地作物发生严重。

（3）生理病害普遍发生　目前，我国现有栽培设施人为控制程度较低，因此作物在生产过程中常常会遇到棚室小气候异常（如温度不适、光照不足、气体毒害）、管理不善（营养元素缺乏或过剩、水分过多或过少、土壤次生盐渍化）或品种不适宜等，从而引起作物生长受阻，并表现出各种生理障碍症状，直接影响蔬菜产品的产量和质量，如出现黄瓜化瓜、畸形瓜和苦味瓜、低温冷害；番茄的畸形果、裂果、空洞果、日灼病、缺素症及2,4-滴药害等。

（4）部分病害有所减轻　设施内不受雨水淋洗，所以那些依靠雨水飞溅进行传播的病害（如茄子绵疫病等）在棚室内很少发生；另外，棚室内湿度大，植株表面长期有水存在，白粉病孢子会在水中胀裂，发病较轻；病毒病也因棚室内湿度大、光照弱，不利于传毒昆虫的繁殖而较少发生，为害程度一般轻于露地。

（5）病虫害抗药性发展快　设施栽培过程中，由于过度使用和滥用农药，导致药物与靶标位点的相互作用降低甚至失去防治效果。目前，世界上已发现500多种害虫产生了抗药性，我国已有50多种农业有害生物对农药产生了抗性，其中植物病原菌约20种，害虫（螨）超过30种。

2. 设施作物虫害发生特点

在棚室内，害虫的发生有许多不同于露地栽培的地方。由于棚室内环境密闭、空气湿度大、昼夜温差也大，不会出现露地常有的大风、暴雨，那些体型小的害虫（如潜叶蝇类、害螨类和粉虱类）不会发生意外死亡，因而为害极为严重，如菜蚜1年发生

10~30代，粉虱1年发生10余代。其他类别的害虫一般为害较露地轻。

(二) 设施作物病虫害管理专家系统

设施作物病虫害管理专家系统，可以作为设施作物管理专家系统的一部分，也可以独立形成一个系统。一般设施作物病虫害管理专家系统可分为病虫害诊断专家系统和病虫害预测预报专家系统。

1. 病虫害诊断专家系统

设施作物病虫害诊断专家系统设计的目标，是要能够分析和掌握被诊断感病植株症状的特性以及可能的原因，能够通过诊断植株的表面症状辨别出被掩盖的病原及其诱因，甚至可以从一些种植者提供的不太确切的信息中发现真正的病虫害类型，并通过知识库中的知识提供相应的病虫害防治方法和建议，可以部分代替专家指导种植者诊断和防治作物病虫害，降低农药的使用量，生产无公害产品。

数据库模块存放的是作物病虫害诊断专家系统中主要事实性知识，包括：各种病害的名称（包括拉丁学名）、症状表现、发病部位、全部染病部位、发病原因/条件、防治方法、图片、分类等；各种害虫的名称（包括拉丁学名）、害虫不同时期的形态特征（包括卵、幼虫、成虫、蛹等不同虫态的虫体特征）、为害特征及为害部位、生活习性和发生规律、防治方法等。这些知识主要是以文字、数字、图形、图片形式存储。

设施作物病虫害诊断专家系统中，知识库存放的是病虫害的判断性知识和过程性知识。判断性知识是表示各种害虫的形态识别，各种防治方法的原理等知识。这些知识多数是以知识规则的形式出现的。过程性知识有时也可称为控制性知识，是表示各种病害的侵染过程、循环过程、推理控制策略以及专家的经验性知识等。其中，推理控制策略是表示问题求解的控制策略，是如何运用判断性知识进行推理的知识。

设施作物病虫害诊断专家系统中推理机用来模拟专家的思维过程，以使整个专家系统能够以逻辑的方式进行问题求解和症状诊断与识别。依据知识表示方法的不同，设施作物病虫害诊断专家系统的推理方法不同。例如，张文学在牡丹栽培技术专家系统中，描述病害和虫害的症状特征知识库用了如下关系：

Rule1（病害名称 x，症状 p，权重 w）；

Rule2（虫害名称 x，症状 p，权重 w）；

Rule3（病害名称，主要为害部位，症状，发生条件，防治方法）；

Rule4（虫害名称，主要为害部位，症状，发生条件，防治方法）。

当给定病虫害的症状后，求出这些特征对应的权重 w，当 w 大于某设定值时，即认为该病虫害种类为可能病例；$w=1$ 则确定为该病虫害种类。

据此，病害种类推理过程如下。

步骤1：根据用户提供的病害的主要为害部位，将可能的病害种类输入/存入动态库。

步骤2：根据步骤1的可能病害，用户从所列各种症状中选择。

步骤3：根据用户所选症状，检索症状特征库，得到相应病害名称。

步骤4：根据病害名称，将对应特征和权重 w 存入动态库。

步骤5：计算所有已知症状的加权和 W_i；判断 W_i，如为1则确定病害名称；否则取 W_i 较大的3种病害为可能病害名称，并列出其他症状由用户继续确认。

步骤6：重复步骤3至步骤5，求出最大的 W_i，确定病害名称。

显然，根据确定的病害名称，再依据Rule3（病害名称，主要为害部位，症状，发生条件，防治方法），结合发生条件可得到防治方法。

虫害种类诊断推理过程与病害种类推理过程类似。

病虫害诊断是设施作物管理专家系统中的重点和难点之一。经研究发现，作物病虫害的发病部位涉及叶、茎、果、根等部位。发病特征包括形态特征、颜色特征、过程特征等多种特征，描述十分困难，包括的知识库非常庞杂，且和用户的交互相当不便。可以发挥多媒体计算机的优势，采用形式化诊断的方式来进行病虫害诊治决策。用户只需在屏幕上指认所提供的病症图片，在选择按钮旁标出提示样板或实物示例，辅助用户输入。这会使病虫害症状特征的输入更形象、直观、准确。

病虫害诊断按叶、茎、果、根4个部分分别进行，这样一方面可以充分利用知识信息，另一方面可以增加诊断的可靠性。总的诊断结果由部位诊断结果函数通过加权评价得到。系统在给出诊断结果的同时，还可以弹出对该病症的详细文字描述和症状图片，给出防病治病的方案。

除诊断识别外，病虫害诊断专家系统应该能够给用户提供可自由浏览的各种病虫害的档案和防治知识。

2. 病虫害预测预报专家系统

设施作物病虫害预测预报专家系统就是代替专家，通过对已有知识（即病害的发病原因/条件、害虫生活习性和发生规律等）以及当前的事实与数据（如设施环境状况等）进行分析，推断未来病虫害发生动态，提供防治信息的一类专家系统。其特点是具有处理基于时间变化和环境变化的动态数据的能力，能够从当前的一些不完全和不准确的信息或数据中，依据知识库中已有的知识对未来的病虫害发生情况做出预测预报。

例如，由中国农业大学卢健、沈佐锐研制的温室生态系统健康智能监护系统包括作物生长状态监护和作物易发病虫害预警2个子系统，通过作物生长状态监护系统将实时采集的温室气象数据，与专家知识库中该作物某一发育时期适宜生长的温度、湿度、光照等进行对比，系统将处理结果发布在系统界面上，同时将数据及处理结果录入数据库。通过作物易发病虫害预警系统，将温室气象数据与专家知识库中作物主要病虫害易发条件进行对比，当温室气象条件有利于某种病虫害发生时，系统发出警报并提示用户查看相关信息、处理建议，预警信息同时也被录入数据库供用户日后查看。这一系统主要针对温室作物的生长和主要病虫害，实现了作物生长期判断、温室气候状况实时显示和判断、主要病虫害预测预报。

病虫害预测预报专家系统的软件结构，同样包括数据库、知识库、推理机、知识获取、解释界面及用户接口等重要部分，并且数据库中有关发病条件、病害发生规律等必须量化。此外，该系统还要有一个设施环境监测仪与此相连，该仪器能够监控设施内温度、湿度等环境因子的瞬时变化，并采集数据、进行数据处理和传输到推理机，推理机对接收到的环境数据进行分析和推断，比对数据库中提供的条件，从而预测预报某种可能发生的病虫害。

第五章 物联网+畜牧养殖

第一节 畜牧养殖概述

一、畜牧养殖的概念

畜牧养殖是指利用牲畜和禽类等动物生长繁殖的自然生理功能，通过人工饲养的方式将牧草和饲料等物质转化成为特定的动物性产品的生产方式。

畜牧养殖是人类的重要资源，养殖动物不仅为人类提供肉、奶、蛋等可直接烹制食用的食品，其皮、毛、脂、骨、角、内脏等还可为加工食品、制药化工、服装纺织、工艺美术等产业提供生产原料，粪便还是农作物种植的良好肥料。

二、畜牧养殖的分类

畜牧养殖的历史悠久，发展出不同的类别和用途。

按养殖动物的种类，可分为牛、马、猪、羊等牲畜养殖，以及鸡、鸭、鹅等禽类养殖。

按养殖动物的驯化程度，可分为驯化类动物养殖，以及鹿、貂、蜂等野生动物养殖。其中，驯化类动物尤其是家畜家禽养殖是目前畜牧养殖的主要动物品种。

此外，还发展出用于贵重毛皮、制药甚至观赏用途的狐狸、麋鹿、蛇、宠物狗等具有特殊价值的特种养殖。

三、畜牧养殖的方式

牲畜和禽类动物生长对牧草和饲料等食物原料以及光、热、温度、水、土等自然条件有要求。不同地区的自然环境条件不同，也发展出不同的畜牧养殖方式，大体上有舍饲式、放牧式和混合式3种。

（一）舍饲式

圈养的方式，喂以人工种植的牧草、玉米、谷物等饲料或购买加工饲料，饲料供应稳定。

在人工建造的舍厩中居住，可以帮助养殖动物更好地适应天气等外界环境的变化，畜禽繁殖生长快。

可高密度饲养猪、牛、羊、鸡、鸭等动物，有利于实现规模化和集约化。

（二）放牧式

在草场资源丰富地区，以及不适于耕种的荒凉地区，放牧成为这些地区畜牧养殖的主要方式。

牧草是放牧式畜牧养殖牲畜的食物来源，马、牛、羊等草食牲畜是主要的养殖品种。

优良的牧草资源和活动式放养有助于生产出高品质的畜牧产品，但对草地资源依赖严重，自然环境的变化会对放牧式养殖产生重大影响。

（三）混合式

分散农户用于役用的牛、马，以及少量经济用途的猪、鸡、鸭等采用放牧与舍饲相结合的混合式饲养方式，这种方式效率较低，但在不发达农业地区仍大量存在。

四、畜牧养殖的关键技术

不同动物的生理发育特征不同，动物快速健康生长需要合理的营养搭配并免受疾病影响，因此育种、饲料选配、疫病防治是畜牧养殖的关键技术环节。

（一）育种

同一类畜禽不同品种的生长周期、生长速度、体型外观、疾病抵抗能力，以及生产产品的品质有明显的不同。

畜牧养殖育种技术通过创造遗传变异和控制繁殖等手段提高畜禽经济性能或观赏价值，主要方法包括引变、选种、近交、杂交以及品种（系）的培育、保存、利用和改良等。

现代育种技术的发展大大提高了养殖效率，对于畜牧养殖业有重要的作用。

（二）饲料选配

饲料是畜牧养殖的主要成本投入项，不同畜禽品种或同一品种的不同生长阶段对营养都有不同的需求。

正确执行饲养标准、合理开发利用饲料资源、制订科学的饲料配方，是提高养殖效率、降低生产成本的手段。

（三）疫病防治

疫病的发生不仅会造成大范围和大批量的畜禽死亡，还对食物链中人类的健康形成严重威胁。

严格疾病防控措施是畜牧养殖尤其是大规模、密集化养殖的关键环节。

第二节　畜牧养殖智能化的发展

一、畜牧养殖的现状

目前，畜牧业发展遇到的挑战主要有以下 4 个方面：一是重大动物疫病的防治；二是生产效益有待提高；三是畜牧产品质量追溯难；四是生态环境问题日益突出。重大动物疫病是制约我国畜牧业发展的最大障碍，必须加快开展相关研究。传统的养殖方法需要投入大量人力物力实现对养殖过程的管理，不仅费时费力，而且效率低下。因此，需要建立自动化的养殖体系代替人工实现对生产过程的智能化管理，并加强质量追溯。在生态环境方面，随着养殖规模的不断扩大，如何处理动物粪便污染已经成为畜牧业养殖过程中不得不重视的问题。这一问题处理不当将直接影响人类居住的生态环境，带来很多安全问题。

二、畜牧养殖的发展阶段

我国畜牧业发展历程主要包括以下 4 个阶段。

（一）农户散养的阶段

20 世纪 80 年代以前，我国的畜牧业生产还保持着农户散养的传统养殖方式，畜牧生产规模化养殖较少。由于缺乏科学的指导，农户在处理畜禽病害等情况时缺乏经验，处置不当经常会导致动物成批死亡，给养殖户带来不小的损失。农户散养阶段没有精准化的科学投喂方法，饲料利用率极低，养殖成本较高。

（二）小规模养殖阶段

20 世纪 80 年代到 90 年代中期，随着我国人口的增长，人们对肉蛋类产品的需求也在不断增加，传统低效率、高消耗和高风险的养殖方式已经无法满足大众对肉蛋类产品的需求。因此，小规模的养殖机构开始出现，肉蛋类产品的产量也有所提升。虽然这一时期的畜禽产品产量得以提高，但仍缺乏科学的指导，其生产效率依然较低，养殖效益并没有实质性的提升。

（三）规模化养殖阶段

从 20 世纪 90 年代中期到 2008 年，畜禽养殖规模得到了飞速发展，畜牧业进入了以提高质量、优化结构和增加效益为主的发展阶段。养殖业强调以科学的养殖理念指导生产，并且引入了很多设备以提高生产效率。但是，这些设备的自动化程度低，需要投入人力进行操纵，生产效率有待提高。

(四) 物联网养殖阶段

2008年至今，随着"互联网+"的提出和物联网技术的推广，很多养殖企业基于物联网采集养殖环境和动物生长信息，实现了畜禽养殖环境的监测和控制，畜牧业养殖的自动化水平上了一个台阶。同时，以深度学习为主的人工智能算法为畜牧养殖提供了技术支持，随着识别、检测、评价、预测和预警等问题的解决，效率和准确率得以提升。技术的进步使以无人化为特征的智慧畜牧的实现成为可能。

三、畜牧养殖的发展趋势

目前我国畜牧业的发展趋势主要体现在以下4个方面。

(一) 养殖规模集约化

我国有一定数量的大型集约化养殖企业，但小型养殖企业数量也较多。随着养殖技术的进步和养殖成本的提高，越来越多的小型养殖企业将扩大养殖规模或进行合并，从而使其数量减少，大型集约化养殖企业将逐渐增多，我国畜牧养殖的集约化水平将进一步提升。

(二) 物联网普及化

随着我国物联网标准制定工作的稳步推进和技术进步，国产传感器的质量越来越好，成本越来越低。这会使企业愿意在自己的养殖场内部署物联网设备，物联网技术会在生产中得以普及。

(三) 信息处理智能化

目前在畜牧养殖领域，传统的手工记录和管理方式正在被各种信息系统和智能管理终端所取代；越来越多的智能模型被用于实现养殖环境预警、养殖环境调控和养殖动物行为分析等，信息处理智能化程度逐步提升。

（四）养殖流程管理一体化

在畜牧养殖的各阶段，都已经有与之对应的信息系统。但是这些信息系统是各自独立的，形成了一个个"信息孤岛"，这对于养殖信息流通、养殖过程监管和产品溯源十分不利。目前，畜牧业正在努力实现养殖流程的一体化管理，养殖过程中所有信息互联互通，为产品监管和溯源提供数据来源及依据，促进畜牧行业平稳、健康发展。

第三节　物联网技术在畜牧养殖中的应用

在畜牧养殖过程中，主要利用环境监测系统、精细饲养系统、疾病监控系统、畜禽生鲜产品流通系统、粪便清理与消纳系统等实现畜禽养殖的数字化、自动化、智能化管理。

一、环境监控系统

物联网养殖环境监控系统通常包括3个主要模块。一是信息采集模块，完成对畜（禽）舍环境中二氧化碳、氨氮、温度和湿度等信号的自动检测、传输和接收。二是智能调控模块，完成对畜（禽）舍环境的远程自动控制。三是管理平台模块，完成对信号数据的存储、分析和管理，设置环境阈值，并做出智能分析与预警。

有害气体检测设备。该设备安装了对某些有害气体敏感的仪表和热敏仪，根据舍内有害气体浓度和舍内温度自动通风。养殖场内空气污浊，有害气体含量超标，将对畜禽的生长发育产生很大危害。

光照强度和时间的控制。光照强度与时间是畜禽养殖中必须重视的问题。光照的目的是延长畜禽的采食时间，促进生长。然而如果光照时间过长，会导致畜禽死亡。以养鸡为例，出生1~7天的小鸡光照要强，这有利于帮助雏鸡熟悉环境，充分采食和饮水；从第8天开始，光照应越来越弱，因为强光照对肉鸡有害，阻碍生长，弱光则可使鸡群安静，有利于生长发育。光照强度传感和控制技术，可以轻松满足这种需求。

加热降温设备。专用暖气设施包括锅炉、地暖管、暖气片、鼓风炉等。降温设施包括水帘、喷雾装置、冷气机等。通过冬季增温、夏季降温，可使养殖室内温度保持在畜禽生长繁殖的适宜温度范围，为畜禽创造舒适的环境，从而提高生产效率。

通风系统。传统养殖场只是利用门窗自然通风，这种通风方式的缺点是夏天过热，冬天过冷，严重影响畜禽的繁殖和生长发育。近年来的现代化养猪场采用联合通风系统，全自动控制，夏季采用湿帘加风机的纵向通风措施，降低高温对畜禽的影响，冬季采用横向通风措施，保证养殖室内温度的同时保证了最低通风量，猪舍气候调控的现代化极大地促进了我国养猪业的发展。

分娩室的畜禽空调。解决传统加热与通风换气之间矛盾的方法是使用畜禽空调。畜禽空调与电空调不同，它一般由高效多回程无压锅炉、水泵、冷热温度交换器、空调机箱、送风管道和自动控制箱六大部件组成。因正压通风，所以可给舍内补充30%~100%的新鲜空气，且所送进的空气都经过过滤，降低了舍内空气的污浊度。夏季该设备输入地下水作为冷源进行降温，节省了设备的投资。畜禽空调具有降温、换气和增加空气的含氧量等功能，特别适合空间不大的单元式分娩舍和保育舍使用，成本低且环保。

二、精细饲养系统

唯一身份标识。每头畜禽佩戴一个电子耳标（或脚标），标签上有畜禽个体的电子"身份证"，包括出生日期、发情周期、妊娠周期、产奶（蛋）开始日期、已经产奶（蛋）天数、产奶（蛋）量、产奶（蛋）速度、体温、用药记录、免疫情况等信息，全部记录到"身份证"中。

自动化喂料和饮水。喂料设施包括储料塔、自动料线、全自动或半自动料筒等。饮水设备包括鸭嘴式饮水器以及饮水自动加热设备。旧式畜禽场喂料手工或半自动化，喂水用水槽，易污染，不卫生且工人劳动量大。

精细差别化投喂（图5-1）。根据不同畜禽的生长模型，结合畜禽个体的体重和月龄等情况，计算该个体的日进食量，分时分量自动投喂，当发生异常情况时自动报警。

图5-1 畜禽精细差别化投喂

畜禽个体管理。在喂养场、检疫站、分娩室、挤奶场等大门处设置 RFID 扫描设备，当畜禽进入该扫描设备的扫描范围时，通过耳标等识别系统实现家畜个体的自动识别，并记录与进食有关数据。对繁育期母猪，配置发情监测设备。对产奶期奶牛，配置 RFID 标签等装备，自动记录并分析其奶量变化。

繁殖育种管理。利用试情公畜探测到发情母畜，用受孕检测仪检查母畜是否妊娠受孕，通过计算机记录准确判断母畜受孕后何时进入产房，以便于繁育管理。通过精细饲养系统，饲养人员可以进行公畜繁殖状态查询、母畜繁殖记录浏览、公畜近交评估、母畜近交评估、系谱查询、全体近交系数计算等，更重要的是可以随时产生每头在群母畜的资料卡，决定母畜的最佳淘汰时间。

三、疾病监控系统

疾病诊断。疾病诊断知识库，可帮助兽医对畜禽疾病进行诊断。疫情预警知识库，可根据当前本地疫情和气候等因素，对动物疫情做出辅助性预警。采用 5G 等无线网络技术，实现网上诊断决策系统和远程会诊。

日常身体健康检查。通过体温、体重传感器等检测设备，每天检查每头畜禽的身体健康状况，将每头畜禽所测得的体温、体重无线传送到总监控中心。对于体温、体重异常的畜禽，发出预警信号，以便饲养员及时检查其身体情况，采取治疗措施。

标识情况特殊的畜禽。需要特别注意的畜禽，做出不同的标识。例如，产奶速度比较慢的奶牛以红色标识，以便饲养员优先安排这些奶牛产奶；对于刚刚开始产奶的奶牛，可以以黄色标注，以便饲养员对它们的情况进行关注；对于生病期间的奶牛，以绿色标注，以便饲养员丢弃它们所产的奶，并向奶牛乳头喷洒防感染药，对病牛使用过的设备进行消毒。

畜禽防疫。出入畜禽场有专用消毒通道，建立科学合理的防疫制度和畜禽群免疫程序，针对不同的疾病和疫苗提示各类畜禽在不同阶段的免疫种类和免疫时间，严格按照程序进行畜禽群免疫。配备专门的兽医技术人员和疫病防控设施，用生物试剂盒有效地进行抗体检测和疫病诊断，对畜禽群免疫状况实行定期而有效的监控，对发病畜禽只实行及时而有效的诊断治疗。

分娩前护理。分娩期大多只注重新生犊的护理，忽略了母体的管理，从而影响了母体的生殖功能、产奶性能。基于RFID技术对畜禽属性进行识别后，可以根据受精日期，对临产的畜禽进行必要的产前护理，如用消毒药水清洗后臀、外阴和乳房等，及时调整产后饲料配比，从而保持母体的生理健康。

四、畜禽生鲜产品流通系统

畜禽生鲜产品流通是指使鸡、鸭、猪、牛、羊等畜禽生鲜产品从产地活体装箱（或屠宰）后，在产品加工、储藏、运输、分销、零售等环节始终处于适宜的温度控制环境下，最大限度地保证产品品质和质量安全，减少死亡，防止变质，杜绝污染的过程。

屠宰后的生鲜产品，要求始终处于较低的温度环境，如果温度控制不好，很容易发生变质。但是，由于传统运输配送过程的封闭性，如果发生变质事故，很难鉴定究竟是何时何地温度发生了变化，究竟是某一环节出现的问题，还是整个流通配送冷藏系统的持续性故障，导致很难判断造成事故的责任人是谁。这些问题的解决就需要一个能够持续记录物品温度并将此温度数据便捷存储和发送到后台管理系统的技术。

利用物联网技术，畜禽生鲜产品在流通过程中，设备自动对产品的温度进行实时记录、预警、控制，确保畜禽生鲜产品储存或运输过程中的温度需求，也可以帮助辨识可能由温度变化引发的质量变化及具体发生时间，有助于质量事故的责任认定。

畜禽生鲜产品流通的核心环节是仓储和运输。在仓储库内和冷藏车厢内，根据需要布置多个传感器网络节点，在车厢顶部布置有路由器，节点上的温度传感器采集的实时温度数据，通过GPRS 等无线网络传送到远程的控制中心，从而可以 24 小时全程监控在仓储和运输过程中畜禽生鲜产品的实际环境温度是否与所需的环境温度相一致。

畜禽生鲜产品流通系统（图 5-2）在流通信息实时记录管理方面，规范、记录和管理了畜禽生鲜产品在流通过程中涉及质量安全的数据，对可能造成变质的环境因素给出预警，为质量事故的责任认定提供了依据。畜禽生鲜产品流通系统在追溯信息管理方面，对畜禽生鲜产品实现从产地到餐桌的全程信息管理和可追溯。

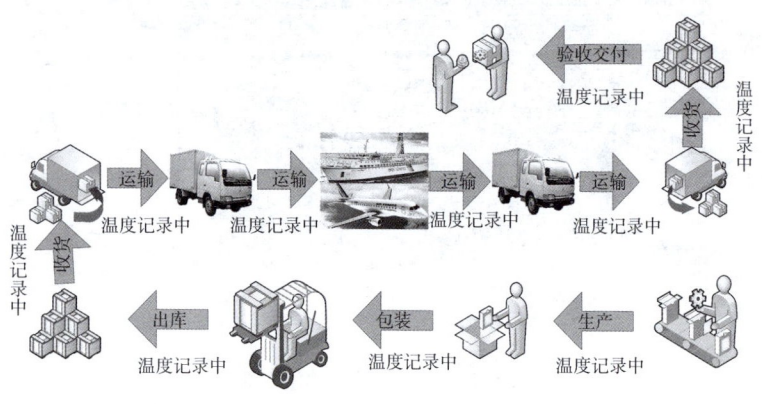

图 5-2　畜禽生鲜产品流通系统

五、粪便清理与消纳系统

粪便清理与消纳系统（图5-3）主要由信息采集、粪便清理、空气净化3部分组成。在养殖场内布置多个温度、湿度、氨气等传感器网络节点，实时将养殖场的温度、湿度、氨气等变化情况反馈到控制中心，当超过粪便清理的预设值时，系统自动启动（或者人工授权启动）粪便清理机，对养殖场内的粪便进行自动收集，同时对养殖场内的空气进行净化和通气。目前，粪便清理系统多应用于鸡、鸽等禽类养殖场。

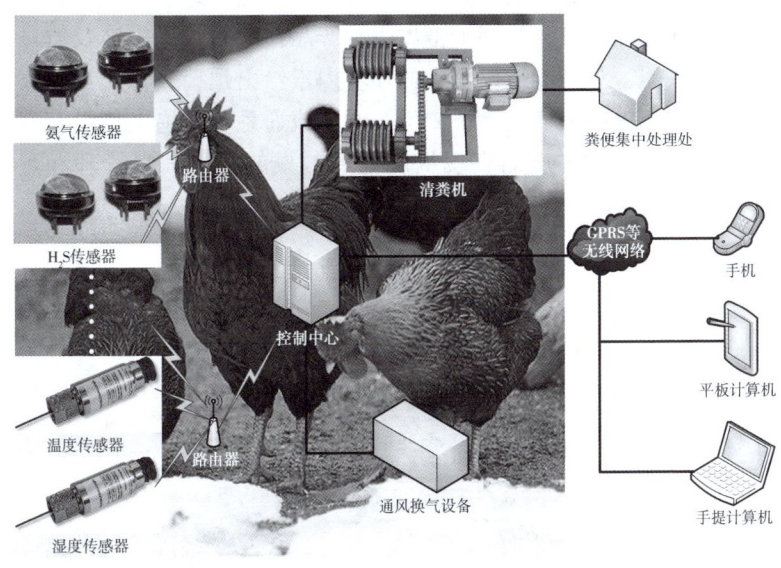

图5-3 粪便清理与消纳系统

粪污的消纳能力是当前环境保护首先应当考虑的，有效消纳粪污成为现代化畜禽养殖场的显著标志之一。绿色果蔬种植业的蓬勃兴起，菜农为生产出无公害的绿色果蔬，大量使用有机肥。鸡粪以其肥效高、能活化土壤、提高地温等显著特点，备受菜农的喜爱。施用鸡粪有机肥后土壤会变得越来越松软，农作物长势好，农产品口感更是特别好。如今，鸡粪已成为生产绿色无公害农产品的首选肥料，并且还可以深加工制成其他产品。

畜禽粪发酵后，产生的沼气可用于畜禽养殖场食堂、发电和燃气锅炉；沼渣沼液用于菜园、果园和农田，或制作成有机肥或专用肥料；污水经处理后可以用于畜禽养殖场清洗，上述措施可大大节约畜禽养殖场用水量并减少养殖畜禽对环境的污染。

许多新建场除拥有畜禽养殖场外，还有自己的大片农田、果园林地、鱼塘，进行鸡-沼-猪、猪-沼-果、猪-沼-菜、猪-沼-林、猪-沼-蚯蚓、猪-沼-鱼等养殖方式，搞循环生态养殖。

第六章 物联网+水产养殖

第一节 水产养殖概述

一、水产养殖的概念

水产养殖是指人类利用可供养殖（包括种植）的水域，按照养殖对象的生态习性和对水域环境条件的要求，运用水产养殖技术和设施，从事水生经济动、植物的养殖。

二、水产养殖的分类

按水域性质，分为海水养殖业和淡水养殖业。按养殖、种植对象，分为鱼类、虾蟹类、贝类，以及藻类、芡、莲、藕等。

三、发展水产养殖的意义

发展水产养殖有重要意义，主要表现在以下4个方面。

（1）能经济地为人类提供优质动物蛋白食品　在动物饲养中，鱼类是水生变温动物，较之陆生恒温的家畜、家禽能量消耗少，饲料转化效率高，产品中动物性蛋白质含量也高。

（2）能为工业提供原料　是医药工业、化学工业、饲料工业等的重要原料来源。

（3）对于弥补海洋捕捞的不足具有重大作用　随着世界人

口的迅速增长和经济的发展，人类对动物性蛋白质的需要量日益增加，但捕捞量却受到天然渔业资源更新的限制。渔业预测指出，年渔获量不断增加的趋势已达到顶点，今后单靠捕捞天然渔业资源将无法满足需求量。

(4) 有利于维持生态平衡　在近海地区，可因养殖产量增长减轻捕捞强度，防止过度捕捞导致生态失去平衡；在内陆水域，水产养殖与农业的其他一些生产相结合，有利于形成良性生态循环。

第二节　水产养殖智能化的发展

一、水产养殖现状

水产养殖业是利用适宜水域养殖水产经济动、植物的生产事业。在水产养殖业发展中，传统的养殖模式曾对我国水产品产量的快速增长起了重大作用。但随着消费水平和环保意识的增强，人们的饮食习惯和结构已发生了很大变化，绿色水产品越来越受到消费者的青睐。传统的养殖模式在生产实践中却存在种种弊端，所生产的水产品难以满足市场需求。具体表现在如下5个方面。

（一）基础设施简陋、陈旧、经济基础脆弱

传统养殖企业缺乏现代化、高层次养殖生产所必需的物质条件和综合经营规模，导致经济效益低下。企业缺乏技术储备，无技术改造和扩大再生产资金，只能维持现状，在市场竞争中处于劣势。

（二）养殖品种单一化、常规化

2000年我国水产品人均占有量为33.8千克，比世界平均水平高50%。各种常规水产品市场已出现供大于求的局面。例如，在2009年春节，我国各大城市的淡水鱼市场普遍存在不同程度的压塘现象。随着人们需求结构和消费偏好的改变，传统的品种单一化、常规化养殖将逐渐被市场所淘汰。

(三) 养殖水域环境条件不断恶化

我国人口稠密地区的水域绝大部分都富营养化。例如，全国有水质监测的1 200多条河流中，就有850条受到污染。在海洋方面，自2000年以来，我国海域多次发生规模巨大、毒性极强的赤潮，给我国的海水养殖业造成巨大的损失。在大中城市的郊区也由于种种原因，养殖水域污染日趋严重。例如，全国著名的池塘养鱼高产区——无锡河厥口的池塘养鱼业，因为梁溪河严重污染等原因正逐步萎缩。

(四) 养殖水域的二次污染十分严重

在淡水养殖方面，据测算，养殖1吨淡水鱼的排污量相当于20头肥猪的粪便量。以北京密云水库网箱养鲤为例，亩产在20吨以上，似乎经济效益可观，但是其后果却导致水库水质转肥。其中，铵态氮增加了7.3倍，活性磷酸盐增加了10.3倍。因此，网箱养鱼不得已被禁止。而且，其后的治理费用超过了网箱养鱼的利润。在海水养殖方面，人类过度开发养殖业，已经大大超过了海水的自净能力，对虾病的泛滥就是最典型的事例。

(五) 水产资源遭到严重破坏，不少水域生态失衡

水域的过度开发，导致原有的水草资源被破坏，原有的优良品种种质退化，直接危害到水产养殖业的生存与发展。例如，阳澄湖原来水草的覆盖率很高，水质清澈，所产的蟹个大肉美，而如今的阳澄湖水草稀少，水质浑浊，蟹种早熟，品质退化。

二、水产养殖智能化的概念

水产养殖智能化是指将工程技术、机械设备、监控仪表、管

理软件和无线传感器等现代技术手段用于水产生产，实现高密度、高产值、高效益的标准化养殖模式。与传统粗放型养殖模式相比，智能化水产养殖具有明显的优势：一是机械化、自动化程度较高，能迅速运用先进的养殖技术；二是通过循环用水和污水处理，实现高密度养殖和节约水资源，是一种环保型、节水型、高产值的养殖模式；三是由于从事智能化水产养殖的人员大多具有较高的科技、文化素质，因此智能化水产业的生产效率高，企业的经营管理水平也较高，对促进我国水产业产业结构调整和技术进步发挥更大的作用。

三、水产养殖智能化发展阶段

（一）雏形期

20世纪60年代，随着水产养殖机械的丰富并得益于电气自动化技术，发达国家开始集成机、电、化、仪、自动化、生物技术研发陆基工厂化养鱼系统。我国于20世纪70年代发展全过程精细控制、高养殖密度的陆基工厂化水产养殖系统，至20世纪80年代初，达国际同类水平。与此同时，发展出集水质、投喂、生物量信息感知与控制于一体的工厂化水产养殖测控流程，这即是智慧水产养殖业的雏形，但是，其实现主要靠人工操作，无法做到实时测控。

（二）实时测控期

20世纪70年代后期，西方发达国家提出"信息社会"和"信息化"的概念。我国于20世纪90年代开始在全国各行业推行信息化建设与改造，1997年我国举办首届全国信息化工作会议，提出信息化是指培育、发展以智能化工具为代表的新的生产力并使之造福于社会的历史过程。国家信息化就是在国家统一规划和组织下，在农业、工业、科学技术、国防及社会生活各个方面应用现代信息技术。作为推行信息化的重点领域，农业信息化在20世纪90年代末取得了重大突破。得益于一批引进与自主研发的水质传感器、水处理设备、投喂设备，工厂化水产养殖系统率先实现了养殖实时测控，并成功推广到池塘、网箱等养殖模式。

（三）远程测控期

2000年5月，国际电信联盟正式公布第三代移动通信标准，我国提交的TD-SCDMA正式成为国际标准，与欧洲WCDMA、美国CDMA2000一起成为3G时代主流的三大技术。随着3G移动互联的兴起，传统2G移动通信成本大幅下降，与此同时，经过多年政策扶持，我国农村电网、通信网覆盖范围大幅扩大，宽带入户普及率爆发式增长。在此技术背景下，我国先进科研团队集中产学研优势，开发嵌入信号调制、收发模块的水产养殖测控装备与信息平台，集成水产养殖远程在线测控网络，实现水产养殖全过程远程测控。这一时期，养殖户可以通过手机短信、移动网络、宽带网络访问水产养殖测控信息平台，远程获取水质、生物量、投喂等信息，并进行在线控制。

（四）物联网进化期

2008年11月IBM提出"智慧地球"概念；2009年8月，IBM发布"智慧地球赢在中国"计划书，期望以统一的架构控制IBM位于我国的各电子系统。与此同时，我国提出了"感知中国"理念，融合传感网与互联网的物联网络概念被提出，并广泛应用于农业，水产养殖领域也不例外。水产养殖在线监测的物联网进化期的主要任务是研发水产养殖信息感知、传输、处理、应用的统一技术架构，实现精准测控网络在不同地区的分布、不同养殖模式的水产养殖系统上的拓展、确权，以标准化设备、集成化平台为养殖户提供高效率、低成本的软件、平台、基础设施信息服务。

（五）人工智能决策期

信息是实现精准水产养殖的基础，但决定养殖精细程度的因素是对信息挖掘的深度。自实时测控期开始，基于数据统计、挖掘、建模的知识库、专家系统、决策支持系统不断演进，全2006年云计算的提出、2008年大数据概念的推广，超大规模、按需消费的计算量与数据量接入逐渐得以实现，彻底更新了传统信息挖掘的途径。2010年，计算能力的进一步提升促进了深度学习算法的创新；2012年，深度学习算法在手写字体识别准确率上大幅超过了人眼识别；2016年，基于深度学习算法的人工智能、建模技术在各行各业得以商业化应用。受益于此，智慧水产养殖业的投喂模型、控制模型、诊断模型、机器视觉算法在技术层面得以更新，以深度学习为主的人工智能算法提高了解决水产养殖领域中识别、预测、评估、优化问题的效率与准确率，赋予智慧水产养殖业智能控制与无人值守的能力。

四、水产养殖智能化发展趋势

传感器国产化、通信低成本化、信息处理智能化和物联网平台的云化是我国智慧水产养殖业发展的必然趋势。传感器国产化是我国智慧水产养殖业的发展方向，国产传感器的稳定性、准确性和可靠性有待进一步提升，需要大学、科研院所和传感器企业联合协同攻关；NB-IoT、5G等新一代通信技术需要进一步降低使用成本，形成各种水产养殖业应用终端；各种养殖生产模式需要进一步系统化、体系化和实用化，这是一个长期、艰巨的过程；物联网平台也要按照标准化、个性化、云计算化的要求，逐步形成行业统一的平台，实现水产养殖在线监测同物联网、大数据、人工智能、智能装备技术的系统集成。

智慧水产养殖业的核心研究内容是水质在线监测与精准调控、水产信息化与精准生产决策、水产养殖智能装备、水产市场分析与质量溯源。针对这些研究内容，第一步我们要开展池塘、陆基工厂、网箱精准智能测控基础研究，最主要的3个理论就是水质因子作用关系、营养因子作用关系、病害因子作用关系。第二步是开展关键因子测控技术，如池塘水质测控技术，浮游生物、微生物、营养调控技术及自动化收获技术等的研究。第三步是研究数字化管理与智能决策平台，这里就需要养殖信息获取技术、养殖信息云存储技术、信息处理技术、精准化决策技术等的支撑。第四步是研究池塘、陆基工厂、网箱养殖智能工程，发展无人值守池塘、无人值守工厂、无人值守网箱。第五步是形成无人值守工程技术并推广应用，要形成智能渔场示范工程并建立示范模式，达到节水减排50%以上及养殖增效10%以上。

随着传感器国产化、通信低成本化、信息处理智能化和物联网平台的云化，我国正处于跨越式发展智慧水产养殖业技术的关键时期，将技术成果落实到工厂养殖、网箱养殖、池塘养殖，革新目前的养殖模式，实现工厂数字化养殖、网箱自动化养殖、池塘精准化养殖，最终有效改善水产养殖造成的环境、资源问题，解决水产养殖行业劳动力结构问题。智慧水产养殖业应在准确信息与业务模型指导下，实现智能化作业，摆脱人的约束，以优于人为控制的合理性与准确性保持更长时间的运行。

第三节　物联网技术在水产养殖中的应用

一、智慧鱼塘

水产养殖业生产中需要注意很多参数，在传统的养殖鱼塘中，增氧机总是一直开着，水中的温度、pH 值、光照强度等不太好掌控，需要 24 小时看管。随着物联网技术的发展，智能化鱼塘养殖监控技术出现了。综合利用传感技术、信息传输技术和计算机自动化控制技术来应对渔业养殖。

（一）水中参数系统

溶解氧是鱼生长中最重要的一个因素，关乎鱼的生存。养殖中缺氧会影响其生长速度，使饵料系数提高、生产成本增加，因而对溶解氧的监测尤为重要。水温会直接影响鱼类的生存与代谢，新陈代谢和体温的变化直接影响鱼类的摄食和生长。水温也会影响水中溶解氧的含量，水温越高，溶解氧的含量越低；水温越低，溶解氧的含量越高，温度会间接影响鱼类的生存。水的酸碱度对鱼的生长、发育和繁殖等有着直接或间接的影响，如果 pH 值过高或过低，不仅会引起水中一些化学物质的含量发生变化，甚至会使化学物质转变成有毒物质，对鱼类的生长和浮游生物的繁殖不利，而且还会抑制光合作用，影响水中的溶氧状况，妨碍鱼类呼吸。

通过水质监测设备（图 6-1）检测这些参数的数值，通过上位机上传到数据采集器，采集器通过 GPRS 无线通信将其发送到服务器，通过预测算法，分析预测各种参数下一个状态的变化，提前对各个数值的下一个状态进行分析。溶解氧数据反馈到增氧机上，通过自动控制技术掌握增氧机的开关。pH 值数据反馈到碱料罐，可向池塘中抽放一定的碱性水。温度数据反馈到养殖户，水温低时，可以根据本地的经纬度及气候资料，建设采光、通风效果都较好的越冬棚。有条件者可以将棚内地面铺成黑色并在夜间加盖保温帘。可以利用多种热源为养殖水升温，如采用温泉水、工厂余热、锅炉加热等方式。水温高时，可以通过定期加注深井地下水降温。工厂化养殖车间可以用遮阳帘减少阳光直射,同时也可加深井地下水降温。

图 6-1　水质监测设备

(二) 自动投喂系统

传统水产饲养的投料方式主要是人工抛撒,在池塘养殖中,这种方式会耗费大量人力物力,并且会因投喂量不足或过多对鱼的生长产生影响。通过动物表型技术,观察鱼的行为,判断鱼是否需要进食。发现鱼需要进食时,计算机系统控制自动投喂机,按照鱼塘的面积进行适量的投喂。当鱼的表型产生其他情况,判断鱼不需要进食时,则关闭投喂系统。

在生产过程中,智慧鱼塘采用物联网技术、信息化技术与自动控制技术。采集的数据比人为观察更加准确,数据的监测方面也较人为观察更加准确,控制更加精确,能够提高鱼的产量并降低鱼生长的成本。

二、智慧网箱

海水网箱是指可以在海水水域使用的水产养殖网箱,是近几十年来迅速发展的养殖设备，它具有投资少、产量高、可机动、见效快等特点。智慧网箱是指运用先进的水产养殖物联网技术和智能化渔业装备，在饲料投放、海水养殖环境监测、鱼群监控和智能捕捞等方面进行远程操作和精准控制，实现智能化海水网箱养殖（图6-2）。

图6-2　智能化海水网箱养殖

智慧网箱养殖环境监测系统运用先进的农业物联网技术，采用具有自识别功能的监测传感器，对水质、水环境信息（温度、光照、余氯、pH值、溶解氧、浊度、盐度、氨氮含量等）进行实时采集，实时监测养殖环境信息，预警异常情况，及时采取措施，降低损失。该系统包括多元环境监测传感器、痕量金属传感器等，组成多元环境监测系统。该系统分为硬件、软件、监控显示3个部分。硬件主要由主控机、环境数据采集器、水质检测集中器、监控摄像头、供电系统等部分组成；软件主要由后台服务器、微信端、手机App应用等部分组成；监控显示由硬件数据、软件数据组成。

(一) 水下可视化监控系统

物联网远程监控系统由养殖区域的水下机器人、在线水质监测等智能终端采集水质参数、视频等信息，并上传至陆地中控室服务器。陆地中控室服务器将收到的信息发送至用户手机、个人计算机等智能终端。用户通过终端观看视频及水质参数，根据养殖需要发送增氧、投饵等控制指令到陆地中控室，由陆地中控室给布置在养殖区的设备发送指令，实现远程智能控制。

(二) 自动投饵系统

采用水上机器人平台，结合智能网箱后台大数据分析和网箱水下可视化监控系统，组成自动投料系统。深水网箱养殖远程多路自动投饵系统由投饵机组、自动控制系统、多路饲料配送系统、饲料喷投系统、能源供给系统组成，可以实现手动、自动、远程3种控制模式，将大幅节约生产及管理成本。整机采用高防腐材料制作，适合开放式海洋工况作业（图6-3）。

图6-3　自动投饵系统

该系统可解决科学规划饲料投放时间和投放量，降低养殖成本，实现科学养鱼。

(三) 海域动态/海洋天气

近海雷达立体监测系统包括雷达、光电设备、船舶自动识别系统（AIS）等，深度融合雷达、AIS、北斗、渔港监控等信息。结合智能网箱后台数据库和海洋气象台数据，组成海洋/海水环境监测预警系统。

该系统可监测高压气旋、洋流等环境信息，并评估对养殖区域可能造成的影响，从而对养殖海域环境变化、赤潮等异常情况做到提前预警。

三、智慧陆基工厂

智慧陆基工厂（图6-4）是指集中了相当多的设施、设备，拥有多种技术手段，重点应用物联网系统，使水产品处于一个相对被控制的生活环境中，处在较高强度生产状态下的渔业生产基

图6-4 智慧陆基工厂

地。工厂化养殖是集约化养殖理念的主要呈现形式，主要分为陆基和海基2种适度集约化养殖模式。其中，陆基工厂化养殖又包括集约化流水养殖和循环水养殖。循环水养殖具有养殖设施、设备先进，管理高效，养殖环境可控，养殖生产不受地域空间限制，养殖产量高，可保障产品质量安全和均衡上市，以及社会、经济和生态效益良好等特点，国际上被公认为是现代渔业养殖的主要发展方向。应用物联网系统实现养殖自动化，采用无线传感技术、网络化管理等先进管理方法对养殖环境、水质、鱼类生长状况、药物使用、废水处理等进行全方位的管理、监测，具有数据实时采集及分析、生产基地远程监控等功能，在保证质量的基础上大大提高了产量。

（一） 养殖场环境监测

1. 温度监测

温度是影响水产养殖的重要物理因子之一。水温不仅影响水质状况，还影响水产生物的生长发育。通过水温的观测试验，不同水产品对水温有着不同的适应性，在适宜的温度范围内，水温越高，水产生物摄食量越大，生长速度就越快。再通过计算机计算，即可推断某个品种从育苗到商品上市所需的时间，可提前做好上市准备，及早抓住产品商机。水温也直接决定受精卵的孵化时间，在适宜的温度范围内，水温越高，孵化的时间越短。以上数据表明，水温是影响水产养殖产量和品质的重要因素。大部分养殖场使用人工测温，数据的准确性和监控力度都难以保证。物联网在线温度传感器可24小时全天候监测养殖水体温度，采集温度包括进水口温度、池内温度、养殖场空气温度。可根据不同季节、养殖品种、养殖密度等信息进行系统报警值设定，当温度超出设定值时，系统报警，自动打开现场声光报警器，通过手机短信形式给管理员发送报警信息。同时，计算机监测界面会弹出报警信息，方便值班人员及时发现。自动控制系统自动打开温控设备，当温度参数恢复到标准值后，温控设备自动关闭。

2. 光照度监测

光照的时间和强度会影响养殖对象的繁殖周期和体表颜色，而繁殖周期决定产量，体表颜色决定品质。采用室内型光照度传感器，系统可根据所在季节、养殖品种、天气情况等信息自动计算养殖对象所需光照强度、光照时间，从而判断天窗开启时间、是否需要人工光照等。

（二）养殖场水质监测

1. 溶解氧监测

溶解氧含量高可以增进水产生物的食欲，提高饲料利用率，加快水产生物的生长发育。同时，改良水质也离不开溶解氧，它也是维持氮循环的关键因素。利用高精度溶解氧探头实时采集水体中溶解氧的含量，当水体溶解氧含量过低或遇到大雨空气压力增加时，可根据采集的含氧值自动打开增氧泵，及时增氧，减少因缺氧导致的死亡。

2. pH 值监测

pH 值过低（酸性）水体容易致使鱼类感染寄生虫病，如纤毛虫病、鞭毛虫病等；水体中磷酸盐的溶解度也会受到影响，有机物分解减慢，天然饵料的繁殖减慢。同时，还会导致鱼鳃受到腐蚀，鱼血液酸性增强，其利用氧的能力降低，尽管水体中的含氧量较高，也会导致鱼体缺氧浮头，鱼的活动力减弱，对饵料的摄食大大减少，影响鱼类的正常生长。pH 值过高会增大氨的毒性，同时腐蚀鱼类鳃部组织，引起鱼类大批死亡。通常 pH 值是通过试纸等简易仪器现场分析的，不仅麻烦，而且不易发现 pH 值的变动，造成的损害往往比低温、缺氧更大。安装 pH 值检测探头，监测水体 pH 值，pH 值异常时，系统自动打开进出水口电磁阀进行换水，保证水生生物生长在恒定 pH 值环境下。

3. 氨氮含量监测

水体内的氨氮主要来源于水生生物的排泄物、施加的肥料。另外，残饵被微生物分解后会成为氨基酸，再进一步分解为氨氮。同时，水体氧气不足时，水体发生反硝化反应也会产生氨氮。通过放养光合细菌，细菌进行硝化作用可降低水体氨氮含量，同时，采用生物传感器监测光合细菌浓度，从而判断水体氨氮含量。

（三）智能化控制系统

1. 给排水控制

传统养殖模式中，鱼池换水全部由人工完成，费时、费力。而智能化控制系统可根据水质需要自动换水，管理员也可以根据系统提供的实时参数来判断养殖池是否需要换水，并通过远程控制系统进行换水。

2. 增氧泵控制

一般养殖场养殖珍贵鱼种时都是 24 小时长时间供氧，这样养殖池内虽然不会出现缺氧现象，却造成了能源的浪费。而智能化控制系统可根据水生生物实际需求开启和关闭增氧泵，在保证水生生物健康生长的同时也节约了能源。

3. 温度控制

温度过高和过低都会影响水生生物的生长状况，为了保证养殖场水温恒定，可在进水口建立水温缓冲池，通过与系统对接的温控设备调节水温，之后再将缓冲池内的恒温水送入养殖池内。当养殖池温度过高时，系统自动打开进/出水口，更换池水，达到降温的目的。

四、智慧鱼菜共生

鱼菜共生混合养殖物联网以工厂化水产养殖的循环水技术为

纽带，基于精准的物联网测控工艺，将水产养殖与水耕栽培过程无缝衔接，实现动、植物生产代谢物的相互利用，提高养殖系统整体资源利用效率，降低养殖水对环境的污染，做到节能、减排、高产及车间环境全控制（图6-5）。

图6-5 鱼菜共生混合养殖

我国鱼菜共生养殖物联网具有规模大、车间集中的特点，单次产量高出很多，但对生产过程的控制要求更为严格。由于生产规模大，系统运行所需的水、电、热、气、饲料、微生物活动量要高出很多，设备的完备率、数据的准确性、通信的实时性、模型的适应性、平台的稳定性都会影响养殖、种植过程的业务执行效率。

基于物联网的精准业务管理能力，中国农业大学国家数字渔业创新中心研发团队为进一步加强鱼菜共生混合养殖系统的废弃物利用率，在现有温室内鱼菜共生人造生态系统的基础上，增加食用菌培育环节，突破鱼菜菌代谢耦合机制，集成可再生能源，研发出基于物联网的温室内鱼菜菌共生混合养殖系统。系统集成了风力发电、光伏发电、地源热泵、集雨槽等可再生能源收集模块，进一步提高了系统的环境适应性、鲁棒性，降低了生产过程中的能源成本，更加节约资源。

第七章　物联网+农产品物流

第一节　农产品物流概述

一、农产品物流的概念

长期以来，人们将农产品物流视为农产品流通中的运输、储存和装卸，这种认识显然具有片面性。目前，物流正从传统物流向现代物流过渡。根据物流概念的发展，结合农业的特点，对农产品物流含义的界定也随之发展，即农产品物流是指为了满足用户需求、实现农产品价值而进行的农产品物质实体及相关信息从生产者到消费者之间的物理性经济活动。农产品物流是以农业产出物为对象，通过农产品产后加工、包装、储存、运输和配送等物流环节，做到农产品保值增值，最终送到消费者手中。

农产品物流的概念着重强调2个方面：一是物流运作客体是指脱离生产领域的农产品，这是农产品物流与农业物流最重要的区别；二是农产品物流不仅服务于农产品消费者而且还服务于农产品生产者，即不仅满足消费者需求，而且要使生产者生产的农产品实现价值。

农产品物流的发展目标是增加农产品的附加值，节约流通费用，提高流通效率，降低物流损耗，从而规避市场风险。

二、农产品物流的特征

农业是自然再生产和经济再生产相结合的再生产过程。与工业经济活动相比,许多农产品是人们的生活必需品,需求弹性小,且存在多种自然风险,农产品的这些特殊性使农产品物流表现出显著的自有特征。

(一) 农产品物流的数量巨大

一方面,农产品的需求量大。广义上的农业不但包括种植业,而且包含林业、畜牧业、渔业、副业等。不管是粮食、经济作物还是畜产品、水产品,都大量转化为商品,商品率很高,它们不仅直接满足人们的生活需要,而且向食品工业、轻纺工业、化工工业提供原料。另一方面,由于时间和空间的影响,产销之间的转移量大。农产品生产受自然条件制约,各地因气候、土壤、降水等情况的不同,适宜种植不同的农产品品种。因此,农产品物流的需求量大、物流量大、范围广,要求农产品进行空间范围的合理布局和规划。

(二) 农产品物流具有分散性

农业生产的异质性决定了农产品特别是鲜活农产品的供应主体数量多、规模小。纵观从生产到消费所经历的各个环节,每一个个体生产者都会发现,以他们个人的生产量与市场衔接,根本无法达到规模经济,且交易成本很高。显然,相对于工业品物流,这种特性决定了农产品的运输和装卸比多数工业品要复杂得多,常常需要2个以上的储存点和2次以上的装卸工作,单位产品运输的社会劳动消耗大。因此,只有科学规划农产品的物流流向,才能有效地避免对流、倒流、迂回等不合理运输现象。

(三) 农产品物流具有非均衡性

农业生产是以自然再生产为基础的经济再生产过程,自然条件的差异决定了农产品的生产具有明显的地域性。一个品种只能在某个区域或某几个区域生产,农产品尤其是植物性产品,受自然条件的影响大,农业生产者不能在一个年度内均匀地分布生产能力,只能随着自然条件的变化在某一个特定时期内集中生产某一个品种,因而同一种农产品的市场供给有其明显的区域性、季节性和集中性特点。成熟季节则在产区集中大量上市,而其他季节又供应不足。这就与社会对农产品的需求具有地域的广泛性、时间的均衡性产生了矛盾,于是农产品物流组织就要在旺季时组织市场营销,同时进行必要的农产品储备,通过适时吞吐,平抑淡旺季之间的供求波动和价格波动,实行农产品的供求平衡。

(四)农产品物流运作的相对独立性

由于不同地区的气候、土壤、降水等自然条件存在差异,各地适宜种植的品种不同,农产品生产呈现出明显的季节性和区域性特征,而农产品的消费则是全年性的,这就决定了在农产品物流过程中需要大量的库存,且需要在较大范围内进行调度与运输,有严格限制的交货提前期;安全卫生性对农产品生产和储运提出了更高要求,如全程的冷链、加工中的无菌环境、产品配送过程中不能和有其他气味的商品混运以防串味等,还应注意配送中微生物和重金属的交叉污染等问题。人们的绿色消费理念,尤其是食品安全意识的增强,对绿色物流提出了更高的要求。

(五)农产品物流具有风险性

大多数农产品的消费都表现为满足人们生理需求,因此农产品流通的需求规模与人口数量的相关性很强。在人口总量增长趋缓的情况下,人们生理需求的相对稳定性使农产品市场需求量也表现为相对平稳的特点,有些农产品如粮食随着居民收入的增长,其需求反而还会有所减少。农产品的生产虽然受到土地等自然资源的约束,但农业生产要素之间具有可替代性,技术进步可以克服自然资源短缺的局限性，因而农产品的供给弹性较大。在农产品市场价格波动的条件下，农产品的需求变化幅度较小，而供给变化的幅度较大。价格上升，则造成农产品生产过量和市场滞销；价格下降，则造成农产品生产不足和市场供应紧张。过大的经营风险会降低经营者的未来预期，往往会使经营者更多地采取短期的机会主义行为，不利于形成有序的市场竞争格局，从而影响社会、经济、生活的稳定。因此，农产品物流首先要承担的责任是保持物流的持续有效，充分发挥农产品物流组织的流通先导性作用，以保证农产品供求平衡，保证农产品商品价值的实现。

（六）加工增值是农产品物流的重要内容

农产品不同于工业品的最大特点在于农产品市场价值的很大一部分是在离开生产领域后得到提升的，具有很大的加工增值潜力。一般来说，农产品物流增值环节主要包括以下几个方面：农产品分类与分类包装增值服务、农产品适度加工后小包装增值服务、农产品配送增值服务、特种农产品运输增值服务、特种农产品仓储与管理增值服务。农产品加工是农产品物流中一个不可缺少的重要组成部分。例如，粮食深加工和精加工、畜牧产品加工、水果加工和水产品加工等，具体包括研磨、抛光、色选、细分、干燥、规格化等生产性加工和价值贴付、单元化和商品组合等促销加工作业等。

三、农产品物流的分类

（一）根据农产品物流组织划分

根据农产品物流组织可分为自营农产品物流和第三方农产品物流。

1. 自营农产品物流

自营农产品物流是指农产品生产者或相关企业（第一方或第

二方）借助自有资源组织物流活动的物流组织模式。此类组织也会偶尔向运输公司购买服务，租赁仓库，但这是临时性的纯购买行为。虽然第三方物流在更多领域得到应用，但是在欠发达地区的农业，自营物流仍是主要的物流组织形式，其优点主要是能达到有效的管理控制，自营物流管理属于企业内部管理，能够更有效、快速地传达指令，同时获得准确的、充足的相关信息。其主要缺点是由于农产品物流需求具有明显的季节性，设备使用率较低。在农产品供销旺季，业务量大时，物流设备、工具不足，而在更长时间的淡季，物流设备及工具又被闲置，造成巨大的浪费。

2. 第三方农产品物流

第三方农产品物流是专业物流企业受买方或卖方（第一方或第二方）委托，以合同形式提供农产品物流服务的组织模式。第三方物流是物流业发展到一定阶段出现的专业的物流服务提供企业，其服务对象为较大型的而且有较复杂供销关系的农业企业。其优点是物流服务专业高效，可使委托企业能专注于核心业务；缺点是信息控制的复杂性加大，信息物流不畅会加大其风险。

（二）根据农产品物流在供应链中的作用划分

根据农产品物流在供应链中的作用可分为农产品生产物流、农产品销售物流、农产品废弃物物流。

1. 农产品生产物流

农产品生产物流是指在从农作物耕作、田间管理到农作物收获的整个过程中，由配置、操作和回收各种劳动要素所形成的物流。农产品生产物流是生产农产品的农户或农场所特有的，它需要与生产过程同步。

农产品生产物流按照生产环节可以分为产前物流、产中物流和产后物流3种形式。产前物流包括耕种、养殖物流及相关的信息物流，如农业拖拉机等农业机械设备及生产工具的调配和运作，种子的下种，化肥、地膜等的布施；产中物流包括培育农作物生长的田间物流管理活动和养殖畜禽、鱼类等的物流管理活动，包括育苗、插秧、锄田、除害、整枝、杀虫、追肥和浇水等作业所形成的物流；产后物流即为了收获农作物而形成的物流，如农作物收割、回运、脱粒、晾晒、筛选、处理、包装和入库作业或动物捕捞以及处理等作业所形成的物流。

2. 农产品销售物流

农产品销售物流是指为了实现农产品的保值、增值，在农产品流通过程中，农产品生产企业、流通企业出售农产品时，伴随着销售和加工活动将农产品所有权转移给客户而引发的一系列物流活动。农产品销售物流包括为了销售农产品而实行的收购、保鲜、运输、检验、储存、装卸，以及为了满足用户需要而实施的包装、配送、各类加工和分销等活动。

这一物流过程是农产品实现其使用价值的关键。若销售物流不畅，会影响农户或农场分销等活动的利益，造成农产品积压甚至造成丧失农产品价值的不良后果。随着市场经济的不断深入，农产品销售物流已经形成买方市场，销售物流活动带有极强的服务性，以满足买方要求，最终实现销售。

3. 农产品废弃物物流

农产品废弃物物流是指在农产品生产、销售及消费过程中，产生的大量农产品废弃物、无用物的运输、装卸和处理等物流活动。建立农产品生产、物流、消费的循环往复系统即废弃物的回收利用系统，实现资源的再利用，是现代物流管理的焦点——绿色物流的主要内容。

（三）根据物流储运条件的不同划分

根据农产品物流的储运条件可分为常温链物流、冷藏链物流和保鲜链物流。

1. 常温链物流

常温链物流是指在通常的自然条件下对农产品进行的储存、运输、装卸搬运以及流通加工处理,创造农产品物流过程中的时间价值、空间价值以及流通加工价值。大多数非鲜活类农产品不需要特殊条件就可以完成物流过程,如各种粮食作物、经济作物和活的牲畜等。

2. 冷藏链物流

冷藏链物流是指在低温下完成农产品的储存、运输、保管、销售等活动,它是以制冷技术和设备为基本手段,最大限度地保持易腐农产品原有品质的物流活动。很多农产品在性质上要求农产品从田间到餐桌的一系列处理过程,要连续不断地保持适宜的温度、湿度等条件,因为降低温度可以抑制农产品中微生物的生长繁殖,减弱农产品自身生理活动强度,有效延长易腐农产品的储藏期,保证储运质量。

3. 保鲜链物流

保鲜链物流是指综合运用各种适宜的保鲜方法和手段,使鲜活易腐农产品在生产、加工、储运和销售的各环节中,最大限度地保持其鲜活特性和品质的活动。保鲜链物流除了应具有实现冷藏链的所有条件外,还要具有 3M 条件,即保鲜工具与手段(Mean)、保鲜方法(Methods)和管理措施(Management)。

第二节 农产品物流智能化的发展

一、我国农产品物流发展现状

近年来,在消费需求增长、国家对"三农"问题及物流行业有利政策的支持下，我国农产品物流获得稳步发展。随着农业的持续多年增产以及居民消费水平的不断提升，据国家发展和改革委员会、国家统计局、中国物流与采购联合会发布的2019年全国物流运行情况通报数据显示，2019年我国农产品物流总额达到4.2万亿元，同比2018年增长3.1%，农产品物流初具规模，但相比工业物流总额的269.6万亿元还是差距甚远。在物流模式方面，初步形成了农户及生产企业自营物流、区域契约收储、区域联合物流、第三方物流服务4种典型的运作模式，虽然目前仍以自营物流、区域契约收储等传统物流为主，但随着中国外运股份有限公司、中国储备粮管理集团有限公司等社会化物流企业的进入，第三方物流及联合配送开始起步和发展。物流基础设施逐步完善，国家统计局数据显示，截至2019年年底，全国农村公路里程达到405万千米，同时国家积极推进冷链物流建设，并形成了较为规范的产业模式和行业标准。现阶段，我国农产品物流的发展主要呈现以下态势。

（一）农产品市场体系不断完善

人口大国对农产品的需求是农产品物流发展的强劲推力。我国用于生活消费的农产品主要以鲜食鲜销形式为主。分散的产销地要满足消费在不同时空上的需求，使农产品物流特别是鲜活农产品物流面临数量和质量上的巨大挑战，同时也带来巨大的商机。目前，我国已经初步形成了以批发市场为中心、以集贸市场和零售市场为基础的农产品市场体系。其中，农副产品批发市场因其上联生产环节、下联其他流通主体，已成为我国农产品物流和质量安全信息流集中与分配的主要点，成为最经济地实现农产品质量安全信息的收集和传播的主要点。

近年来，全国各地陆续建起一批规模较大、体系较为完善的农产品物流中心，如深港农产品物流中心、东北亚农产品物流中心、上海全国农产品物流中心、北京绿色安全农产品物流中心、山东寿光蔬菜批发市场等。这些物流中心设施齐备、体系健全，成为国内农产品物流发展的典范，也为现代农产品物流的研究提供了有益的实证参考。不过，总体来讲，我国市场体系建设离现代化物流建设还有一定的距离，如批发市场的建设有待进一步提升，"商物合一，现金交易"的初级物流状态应转变为高级的物流状态，现代农产品超市还未成为城市中主要的销售渠道等。

(二) 物流运作主体呈现多元化

改革开放以来，我国农产品的经营体制、市场化程度发生了巨大的变化。在这种形势下，连接农产品生产者和消费者的营销渠道以及包含于其中的商流、物流各方面的参与者及其功能都发生了变化。除原有的国有和集体性质的农产品物流企业，还涌现出大批个体运输户、经纪人、多种形式的经济联合组织等，产生了专门从事农业生产资料和农产品储运及流通加工的第三方物流企业，第三方物流运作模式得到了快速发展。但总体来讲，农产品的第三方物流只是在起步阶段，其管理水平、信息系统建设和数据共享、网络建设、物流企业的战略联盟以及专业化服务等还面临着诸多问题。因此，现有市场主体呈现"小规模、大群体"的格局。

(三) 物流基础设施和装备得到了有效改善

近几年来，政府在交通运输设施、信息基础设施等方面投入了大量的人力、物力、财力，使我国现代交通运输初具规模，国家公用通信网的规模容量、技术层次、服务水平都发生了质的飞跃，这些为发展农产品物流准备了必要的条件。现代物流技术设备是现代物流发展水平的标志，我国在不断改造农产品运输、储存、装卸搬运、包装等专用设施的基础上，已能独立设计制造出供农产品储存的自动化仓库、搬运机器人等高技术水平的物流设施，且许多现代通信技术，如电子数据交换、全球定位系统等也已在农产品物流中得到应用。

(四) 物流标准化工作开始启动

农产品物流标准化建设是农产品物流建设的重要内容，是有效降低物流费用、提高物流系统经济和社会效益的基础，也是我国加入世界贸易组织、提升我国农产品竞争力的要求。随着农产品物流基础市场的发育，我国的物流标准化工作开始启动。

我国农产品物流标准化工作刚刚起步，在农产品信息标准化、农产品仓储、装卸和运输等作业环节的标准配套、国内物流标准与国际标准接轨、农产品质量标准等方面还有待加强。

二、农产品智能化物流

智能化物流以现代通信技术、网络技术、物联网技术等信息技术为基础，采用RFID等各种智能感知设备，对物流运作环节中的各种物品和设施进行实时查看和控制，从而实现可视化的运输管理、自动化运行管理的仓储作业和智能化的配送管理，提升物流企业运作效率。智能化物流的前提是连接，基础是数据，核心是融合，目标是智能。作为正在起步的智能化物流，其为农业转型升级开辟了新的方向。加强农产品智能化物流信息系统的设计和实施，可以有效提高农产品质量，保障人民生活水平。

农产品智能化物流运用物联网技术把农产品生产、运输、仓储、智能交易、质量检测及过程控制管理等节点有机结合起来，建立基于物联网的农产品物流信息网络体系。具体来说，农产品智能化物流是以食品安全追溯为主线，集农产品生产、收购、运输、仓储、交易、配货于一体的物联网技术的集成应用。应用RFID、无线传感、GPS定位和视频识别等技术，构建各流通环节的智能信息采集节点，通过无线传感器网络、3G/4G/5G网络、有线宽带网络、互联网等网络技术，将各节点有机地结合在一起，通过数据库技术、智能信息处理技术，对农产品生产、加工、运输、仓储、包装、检测和卫生等各环节进行监控，建立可追溯的完整供应链数据库。物联网技术在农产品物流过程中的集成应用，可以提高基础设施的利用率，降低农产品物流货损值，提高农产品物流整体效率，优化农产品物流管理流程，降低库存成本，实现农产品从农田（养殖基地）到餐桌的全过程、全方位、可溯源的信息化管理。

智能化物流顺应了现代物流智能化、网络化、实时化、可视化、专业化的发展趋势。智能化物流的发展有助于提高物流生产效率，降低物流运作成本，增加物流经济效益，带动物流产业资本向产业价值高地流动。因此，构建智能化物流生态圈，应明确智能化物流发展思路及目标，挖潜智能化物流关键技术，建立智能化物流体系，推动智能化物流持续稳定发展。

三、智能化物流的发展趋势

在信息采集与监测方面，目前在农产品物流业应用较多的感知手段主要是RFID技术和GPS技术。今后随着物联网技术的发展，传感技术、蓝牙技术、视频识别技术、M2M技术等也将逐步集成应用于现代农产品物流领域，用于现代农产品物流作业中的各种感知与操作。例如，对温度的感知用于冷链物流，对侵入系统的感知用于物流安全防盗，对视频的感知用于各种控制环节与物流作业引导等。

在农产品物流过程的可视化智能管理网络系统方面，采用GPS技术、RFID技术、传感技术等，实现对农产品物流过程中的实时车辆定位、运输物品监控、在线调度和配送可视化与管理,建立农产品冷链的车辆定位与农产品温度实时监控系统等,实现物流作业的透明化、可视化管理。

在农产品物流配送中心智能化建设方面,基于传感、RFID、声、光、机、电、移动计算等先进技术,建立全自动化的物流配送中心,以及物流作业的智能控制、自动化操作网络,可实现物流与生产的联动,以及商流、物流、信息流、资金流的全面协同。例如,在一些先进的自动化物流中心,实现了机器人码垛与装卸,采用无人搬运车进行物料搬运,使用自动输送分拣线开展分拣作业,出入库操作由堆垛机自动完成,物流中心信息与企业ERP系统实现无缝对接,整个物流作业与生产制造实现了自动化和智能化。

在农产品物流装备与物流技术方面,借鉴发达国家农产品物流的标配硬件,如车辆运输过程管理(TMS)、车辆综合运营管理(DIMS)、车辆运输业务管理(PMS)、射频识别技术(RFID)、全球卫星定位系统(GPS)等实现我国农产品物流作业的智能控制和智能运输,从而将农产品原产地、销售地和农产品物流资源进行科学、合理、高效的整合。

第三节 物联网技术在农产品物流中的应用

一、智慧物流应用系统总体架构

(一) 总体技术架构

结合农产品物流的特点,以物联网的 DCM(Devices,Connect,Manage)3层架构来建立完整的农产品智慧物流应用系统,每层架构应用最先进的物联网技术,依据云计算和云服务"软件即服务"的方法,并在实现效果和设计理念上体现可视化、泛在化、智能化、个性化、一体化的特点。农产品智慧物流应用系统网络拓扑结构如图7-1所示。

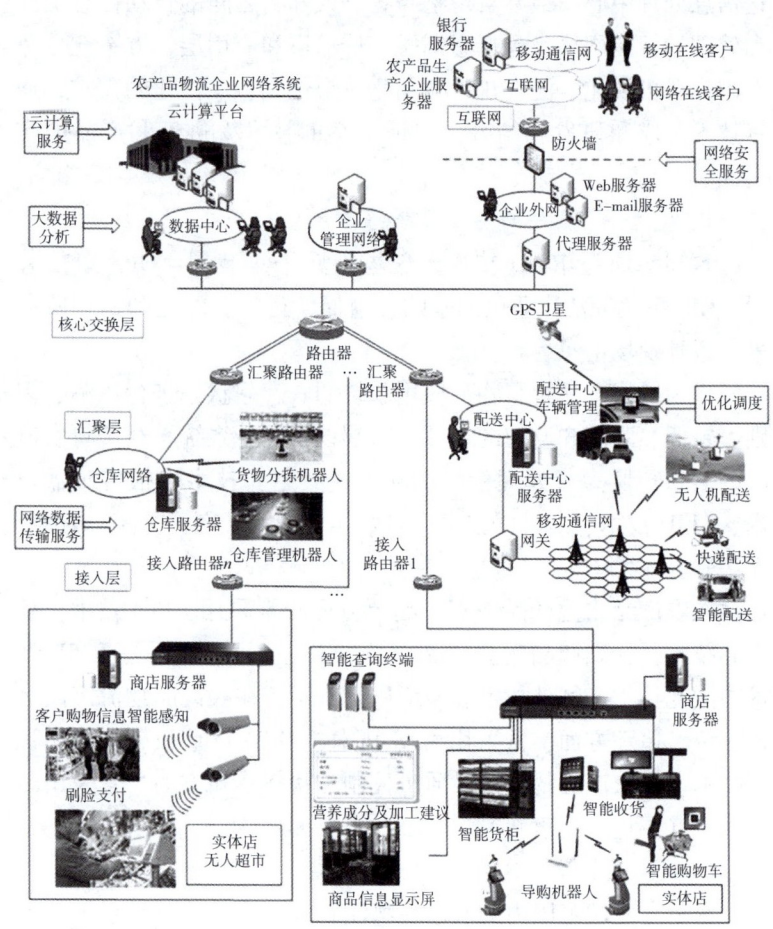

图7-1 农产品智慧物流应用系统网络拓扑结构

（二）技术特点分析

物联网是通过智能感知装置采集物体信息，经过传输网络到达信息处理中心，最终实现物与物、人和物之间的自动信息交互和处理的智能网络，包括感知层、传输层和应用层。方案充分考虑用户对可视化、泛在化、智能化、个性化、一体化的需求，通过技术集成和研发相结合，保证方案的技术先进性和产品的实用性。

1. 农产品智慧物流应用系统感知层

感知层通过 RFID 技术、现场视频采集装置、GPS 定位装置、GIS 系统等从作业层的采购、仓储、运输、配送和销售阶段采集各种现场信息。

作为对农产品智慧物流应用系统的农产品状态进行探测、识别、定位、跟踪和监控的末端，末端设备及子系统承载了将农产品的信息转换为可处理信号的功能，其主要技术包括传感器技术、RFID 技术、二维码技术、多媒体（视频、图像采集、音频、文字）技术等。

在农产品物流产品识别、溯源方面，常采用 RFID 技术、条形码技术。在农产品物流产品分类、拣选方面，常采用 RFID 技术、激光技术、红外技术和条形码技术等。在农产品物流产品运输定位、追踪方面，常采用 GPS 技术、RFID 技术和车载视频识别技术。在农产品物流产品质量控制和状态感知方面，常采用传感技术（温度、湿度等）、RFID 技术与 GPS 技术。

2. 农产品智慧物流应用系统传输层

在一定区域范围内的农产品物流管理与运作的信息系统，常采用企业内部局域网技术，并与互联网、无线网络接口；在不方便布线的地方，采用无线局域网络。在大范围内的农产品物流管理与运作的信息系统，常通过将互联网技术、GPS 技术相结合，实现物流运输、车辆配货与调度管理的智能化、可视化与自动化。在以仓储为核心的物流中心信息系统，常采用现场总线技术、无线局域网技术、局域网技术等网络技术。

在网络通信方面，常采用无线移动通信技术、3G/4G/5G技术等。

3. 农产品智慧物流应用系统应用层

针对农产品流通物联网信息具有多元、多源、多级、动态变化、数据量巨大等特点，充分利用云计算的虚拟化、动态可扩展、按需计算、高效灵活、高可靠性、高性价比的特点，从农产品流通物联网感知信息的获取、存储等云基础处理，采购、配货、运输物联网感知信息云应用服务，农产品流通信息服务云软件服务3个层面，构建农产品智慧物流信息云处理系统、电子交易信息云服务系统、配货信息云服务系统、运输信息云服务系统和农产品流通信息服务系统，进行农产品流通物联网云计算资源的开发与集成，建立农产品物流物联网云计算环境及应用技术体系。

面向农产品流通主体提供云端计算能力、存储空间、数据知识、模型资源、应用平台和应用软件服务，提高农产品物流信息的采集、管理、共享、分析水平，实现农产品流通要素聚集、信息融合，促进农产品物流产业链条的快速形成和拓展。

二、农产品配货管理系统

农产品配货管理系统旨在利用 RFID、RFID 读/写设备、移动手持 RFID 读/写设备、移动车载 RFID 读/写设备（仓储搬运车辆用）、Wi-Fi/局域网/互联网、IPv6、智能控制等现代信息技术，实现配货过程中的仓储管理、分拣管理和发运管理。

1. 仓储管理

仓储管理主要实现收货、质检、入库、越库、移库、库存管理、出库管理、货位导航、查询等功能。

（1）收货　仓库在收到上游发到的货物时，按照发货清单对实际到达的货物进行校核的作业过程。经过收货确认之后，所收到的货物才算正式进入库存管理范围，在仓储数据库中被计为库存。收货后，货物被移至收货暂存区。

（2）质检　对完成收货位于暂存区的货物进行质量检验，对于质检不合格的货物要进行退货处理，并非所有仓储都需要此环节。

（3）入库　将完成收货（并质检合格）的货物搬运到指定的货位，或者搬运到适当的货位之后，将相关的信息集反馈给仓储管理系统，主要包括入库类型、货物验收、收货单打印、库位分配、预入库信息、直接入库等。入库功能主要借助 RFID 设备实现。当产品进入库房时，在库房入口处安装固定的 RFID 读取设备或通过手持设备自动对入库的货物进行识别，由于每个包装上都安装有电子标签，因而可以识别到单品，同时由于 RFID 的多读性，可以一次识别多个标签，能够做到快速入库识别。

（4）越库　越库是最高效、理想的仓库运作模式。越库是将完成收货的原托盘直接装车发运。

（5）移库　移库是指库存货物在不同货位之间移动，需要采集货物移入和移出的货位信息。

（6）库存管理　对库存货物进行内部操作处理，主要包括库位调整处理、盘点处理、退货处理、调换处理、包装处理、报废处理等。具体实现过程：安装有 RFID 电子标签的货物入库后，配合 RFID 手持终端在库内可以方便地进行查找、盘点、上架、拣选处理，随时掌握库存情况，并根据库存信息和库存的下限值生成货物采购订单。

（7）出库管理　对货物的出货进行管理，主要包括出库类型确认、调配、检货单打印、检货配货处理、出库确认、单据打印等。

（8）货位导航　出库、入库、盘库时可查看所有要操作器材的所在位置；系统根据车载天线返回的信息，自动判断车辆所在位置，并在画面中显示自己所在的位置。系统会根据天线返回的货位号自动判断附近是否有要操作的货位，并给予到达货位、附近有可操作货位等提示。

（9）查询　查询是指提供对现有仓库库存情况的各种查询方式，如货物查询、货位查询等。

2. 分拣管理

分拣管理主要实现分拣和包装的功能。

（1）分拣　按照发货要求指示作业人员到指定的货位拣取指定数量的指定农产品的作业。需要采集所需拣取的农产品种类、数量及货位信息。拣选后可以将经销地、经销商等信息写入RFID电子标签，以便进行发货识别和市场监管等。

（2）包装　按照发运的需要，将拣选的货物装进适当的容器或包装，并对所拣取的货物再次进行核对。

3. 发运管理

发运管理指将包装好的容器，按照运输计划装入指定的车辆。

在发货出库区安装固定的RFID读取设备或通过手持设备自动对发货的货物进行识别，读取标签内的信息与发货单匹配进行发货检查确认。

三、农产品质量追溯系统

以农产品流通的全程供应链提供追溯依据和手段为目标，以农产品流通全过程流通链为立足点,综合分析各类流通农产品的特点,建立从采购到零售终端的产品质量安全追溯体系,以实现最小流通单元产品质量信息的准确跟踪与查询。

其主要建设内容包括以下4个方面。

(一) 生产管理系统

生产管理系统包括种植、养殖企业用户和加工企业用户开发的种植、养殖质量管理系统和农产品加工质量管理系统。

种植、养殖质量管理系统面向种植、养殖企业的内部管理需求,以提高种植、养殖过程信息的管理水平及种植、养殖过程的可追溯能力为目标,通过对种植、养殖企业的育苗、放养、投喂、病害防治到收获、运输和包装等生产流程进行剖析,设计农产品种植、养殖生产环境、生产活动、质量安全管理、销售状况等功能模块,满足企业日常管理需求。在建设包括基础信息、生产信息、库存信息、销售信息等产品档案信息数据库的基础上,开发针对不同用户的生产管理模块、库存管理模块和销售模块,将各模块集成,形成农产品种植、养殖生产管理系统。

(二) 交易管理系统

面向批发市场管理需要,实现产品准入管理和市场交易管理,针对不同模式的批发市场开发实用的市场交易管理系统,主要包括市场准入管理、市场档口管理和交易管理。

1. 市场准入管理

根据产地准出证是否具有条形码,将产地准出证上的相关种植、养殖者信息、产品信息通过读取或录入的形式存储到批发市场中心数据库,以管理产品的来源。

2. 市场档口管理

对市场中的各档口进行日常管理,主要管理基础信息和抽检信息等。

3. 交易管理

针对信息化程度较高的批发市场，根据市场准入原则向进入批发市场的种植、养殖企业（或批发商）索取带有条形码的产地准出证，管理人员读取产地准出证上的条形码，并存储到批发市场中心数据库中；若是拍卖模式的批发市场，批发商在租用电子秤时，管理人员将该批发商当天的相关数据发送到批发商租用的电子秤中，批发商在与客户交易时打印带有生产企业、批发市场、批发商、产品信息的一维条形码产品销售单，同时将该次交易记录上传到批发市场中心数据库中；若是直接经营模式的批发市场，则批发商通过无线网络下载该批发商该天的相关数据到电子秤，批发商在与客户交易时打印带有生产企业、批发市场、批发商、产品信息的一维条形码产品销售单。一旦出现产品问题，在批发市场可通过产品销售单的相关信息追溯到批发商。

（三）监管追溯系统

监管追溯系统包括企业管理、网站管理、用户管理三大功能模块。其中，企业管理包括企业信息上传、企业上传产品统计、短信平台数据统计等功能；网站管理包括新闻系统、抽检公告、企业简介、农产品信息、行业标准、消费者指南、数据库管理等功能；用户管理主要通过对用户权限进行分配，建立多级用户的管理功能，从而满足政府监管部门、企业用户和消费者等不同的追溯需求，以利于达到消费者满意、企业管理水平提高的目的。农产品质量安全监管追溯平台通过模块化设计和权限划分，满足部、省、市、县各级的可追溯性监管主体的监管和追溯需求，可以向各级监管主体提供详细的农产品各供应链的责任主体、产品流向过程及下级监管主体的农产品质量安全控制措施。另外，通过基础信息平台对农产品追溯码数量、短信追溯数量进行统计分析，为各级主管部门加强管理和启动风险预警应急响应措施提供必要的技术支持。

(四) 追溯信息查询系统

通过数据访问通用接口，研究计算机网络、无线通信网络和电话网络对同一数据库的访问协议，开发完成支持短信网关、PSTN 网关、IP 网关的通用应用程序接口，实现基于中央追溯信息数据库的多方式查询。追溯信息查询系统各环节系统模块以追溯信息为基础，使用产品标签条形码和产品可追溯码作为查询方法，并通过网站、POS 机、短信、语音通话等多种可追溯信息查询方法执行可追溯信息查询。追溯信息查询系统示意图如图 7-2 所示。

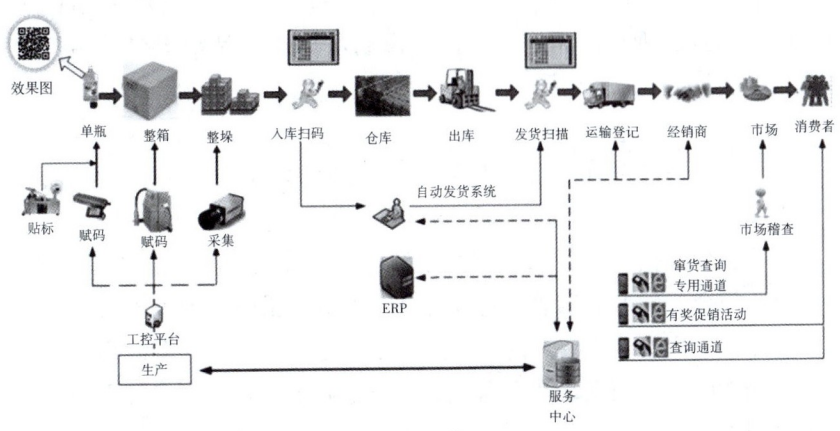

图 7-2　追溯信息查询系统示意图

四、农产品运输管理系统

农产品运输管理系统旨在利用 RFID、RFID 读/写设备、移动手持 RFID 读/写设备、智能车载终端、GPS/GPRS、Wi-Fi/互联网、IPv6、智能控制等现代信息技术等,实现运输过程的车辆优化调度管理、运输车辆定位监控管理和沿途配送分发管理。

(一)车辆优化调度管理

车辆优化调度管理主要实现运输车辆的日常管理、车辆优化调度、运输线路优化调度、货物优化装载等功能。

(二)运输车辆定位监控管理

在途运行的运输车辆通过智能车载终端连接 GPS 或 GPRS,实现运输途中的车辆、货物定位并将货物状态实时监控数据上传到物联网的数据服务器。

(三)沿途配送分发管理

根据客户位置的不同,运输站使用物料管理计算机在运输车辆经过时自动识别电子标签,通过物料管理计算机自动对卸载的产品进行分类,并在物联网的数据服务器上做好相关业务处理工作,然后各发散地按照规划的线路一路分发到客户手中。

五、农产品采购交易系统

农产品采购交易系统旨在利用 RFID、RFID 读/写设备、互联网、无线通信网络、GPRS/4G/5G 网络、IPv6、智能控制等现代信息技术,实现采购过程的数据采集与产品质量控制管理。图 7-3 为农产品采购交易系统示意图。

(一)电子标签制作与数据上传

在生产基地生产的产品(采购部门购买的产品)在包装前制作好电子标签,并通过手持 RFID 读卡器或智能移动读/写设备将信息通过网络传输到系统服务器的数据库中,由此开始管理追踪农产品流通全过程。这些信息主要包括产品名称、产地、数量、占用仓库大小、估计到达时间,并在物联网数据服务器上执行相关业务处理,这样就能有效地为配送总部做好冷库储藏的准

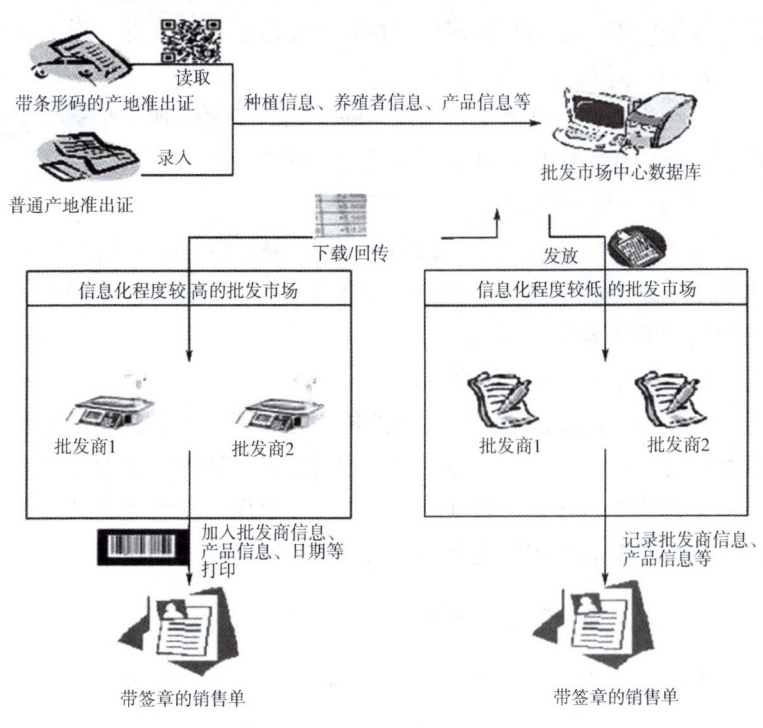

图 7-3　农产品采购交易系统示意图

备和协调工作。

(二) 采购单管理

采购单管理主要根据库存信息、客户订单生成采购单，并实现采购单管理。

实现环境：RFID、RFID 读/写设备、移动 RFID 读/写设备、无线通信网络、互联网、计算机等。

第八章 智慧农业典型案例[①]

第一节 江苏盐城盐都现代农业产业园发展有限公司

一、基本情况

江苏盐城盐都现代农业产业园发展有限公司于2013年成立，注册资金20 000万元，主营农产品种植、销售，现代高效农业技术推广，观光旅游农业的开发和管理，农村基础设施项目的建设、投资和管理，土地整理开发服务。公司紧邻盐城大市区，具有得天独厚的地域优势和以草莓为主导的产业特色。公司投入2 000多万元建有高架智能温室草莓种植基地30万米^2，是全国最大的高架智能温室草莓种植基地，以草莓为主的鲜果面积2.8万亩，年总产值6亿元，辐射带动了全区8个镇（区、街道）种植，参与农户1 200余户，草莓产业已经成为农民致富的特色产业，被授予"中国草莓产业基地"称号。加快推广农业物联网、智能温室栽培、高架无土栽培、水肥一体化、轮作套种等新技术、新装备、新模式，农业信息化覆盖率达80%，实现集约化生产经营，构建了草莓全产业链数字发展模式，成为全省领先、集成化程度最高的草莓架式高效无土栽培及育苗中心，新建脱毒种

---

① 本章案例主要摘编自农业农村部官网。

苗工厂化繁育中心50亩、架式栽培示范基地200亩，脱毒种苗年生产能力达200万株。先后获得"全国农村创新创业园区""省级现代农业产业示范园"等一系列荣誉称号。

二、主要做法

1. 生产智能监控

运用物联网系统的温湿度传感器、EC值传感器、pH值传感器、光传感器、二氧化碳传感器等设备，检测草莓温室的温度、相对湿度、pH值、光照强度、土壤养分、二氧化碳浓度等物理参数，通过各种仪器仪表实时显示或作为自动控制的参变量参与到自动控制中，保证草莓有一个良好适宜的生长环境。技术员可以结合实时环境数据，远程控制大棚风机、湿帘、灌溉等设备。

2. 智能水肥一体化

利用智能传感器，对草莓土壤温湿度、水分、养分等指标进行动态监测，根据草莓不同生育期肥水需求特性，通过农业物联网控制平台精确定量供给肥水，调节灌溉频率和持续时间，使草莓生长达到最佳生长状态。当灌溉系统出现故障，如水管破裂，控制系统会立即停止水泵运行，并进行报警，农户收到报警信息后及时处理故障。

3. 实时动态在线识别病虫草害

通过智能设备对完整虫体、杂草进行拍摄或图像上传，准确识别草莓根腐病、白粉病、灰霉病等病虫草害，实时获取基地温室大棚草莓病虫草害的发生情况及流行趋势，发布各类通知公告、知识讲座，为农户提供远程指导，能及时防治，精准用药。

4. 探索建立了盐都地区草莓生长模型

运用物联网监控设备，通过定时抓拍园区各区块草莓生长情况图片，形成生长短视频记录，采集草莓整个生育期不同生长阶段水分、养分、温度、湿度、二氧化碳等指标，进行综合分析，量化生理生态过程及其相互关系，通过数据分析、系统合成，根据气象条件、土壤条件以及管理方案，动态、定量地描述作物生长、发育、籽粒形成及产量，从而建立适合盐都地区草莓的生长模型，建立的模型可以在每个时刻获得农作物的生长状态，有助于根据草莓本身的状况及时调整棚温度、湿度、二氧化碳、通风、水肥等子系统，为植物生长提供最佳环境，更好地指导草莓生产，如在什么时间需要进行哪些农事操作，遇到什么样的病虫害需要进行什么样的病虫害防治等。

5. "超级码"赋能了盐都草莓溯源数字身份

对盐都区现代农业产业园内的草莓育苗园、草莓种植园、草莓企业、草莓种植户、草莓销售渠道等建立数字身份管理系统，通过一棚一码、一架一码、一户一码实现生产管理数字化，构建盐都区草莓产业数字化管理体系。以码为标识载体和入口，为园区草莓的生产经营主体、草莓品类、草莓园、投入品商家等全产业链上的人、物、组织建立统一的数字身份，为万物互联提供身份保障。基于"区块链+一棚一码"，建立草莓大棚的数字化管理，延伸到草莓大棚的视频监控与气象、土壤环境监测、水肥灌溉等，通过标准化的智能种植模型，查看当前种植状况、预计采收时间与预计产量。基于"区块链+一架一码"，建立草莓大棚每个果架的信息，包含每个果架果品的品种、环境参数、已产出、预计产量、果品价格、操作工人信息等。基于"区块链+一户（企、园）一码"为果棚农户提供种植、采购、加工、仓储、包装、销售、客户产供销一体化的管理系统，提升企业生产经营的数字化水平，激发企业本身对信息化系统的使用需求，并借助信息化系统，完成盐都现代农业产业园草莓产业链溯源信息的闭环管理，提升数据采集的持续性与真实性；建立果农的数字化管理，后续可延伸到数字乡村，即基于农户的精准数字化管理，丰富和扩展乡村治理、阳光村务、便民服务、信用体系建设。

6. "触网"直达消费者

公司积极融入互联网，建立"公司+电子商务+直营店+基地+农户"的模式，通过"互联网+"，打造O2O线上线下一体化销售模式，探索农产品微店、网红直播带货等线上销售渠道，保障农产品标准化生产、品牌化销售，实现产品增值、农民增收，2020年春季新冠疫情防控期间，与盐城广播电视台、苏宁易购、淘宝联合举办"仰徐首届网上草莓节"，日均网络订单超过2 500千克。园区依托盐城电商快递产业园，促成京东、美团、苏宁易购等知名电商平台与企业基地对接，健全冷链物流体系，建成草莓电商运营中心2个，在各大电商平台开设盐都草莓网店130多个。

7. 建设了盐都现代农业园区草莓产业大数据中心

利用移动互联网、物联网、区块链、大数据、云计算、高清地图和地理信息系统、空间可视化技术，结合多源数据可视化分析方法，建设盐都区现代农业园草莓产业大数据平台（图8-1），

图8-1 大棚物联网监测系统

直观展示盐都区现代草莓园的基地情况，如基地大棚地块位置、面积、范围、出租大棚（布局、品种信息、生产信息、租户企业信息）、物联网传感设备、数据等信息。主要实现盐都区现代农业园草莓种植基础数据展示、生产情况管理、环境监测动态展示、生产过程信息化等，建立以多源异构数据采集、处理、显示、管理、分析、维护的动态数据管理与分析。

8. 实现了草莓基地"无人种植"操作管理

农户通过手机可直接看到草莓基地物联网设备分布，支持直接点击控制物联网设备，查看设备土壤数据如温湿度、EC值等，环境数据如光照度、二氧化碳浓度等，以及视频等所有物联网设备相关数据，若有某个环境因子数值超出正常范围，设备会异常显示并预警，同时可以实时做出控制和管理，如大棚管理控制、水肥一体控制及温湿度、光照调解等控制，从而实现作物的科学种植与管理，节能降耗、绿色环保、增产增收的目标。

三、经验成效

（一）社会效益

1. 数字赋能扎实有效

通过数字化提升改造，实现现代农业产业园农场基地生产管理、品牌推广、商品营销的数字化，为乡村产业发展培育新动能。

2. 产业提升示范引领

通过项目软硬件平台搭建、数字化改造提升，农业产业特色鲜明、绿色生态，示范效应明显、经济效益良好，现代农业产业园产业经营进一步规模化、新技术新模式转化应用进一步深化，推动数字经济农业产业多元、融合发展，实现现代农业产业园的农业智慧生产、数字管理、全过程溯源，助推现代农业产业园草莓产品的"品质+品牌"双轮驱动升级，有效推动企业降本增收。

3. 产业富民深入推进

依托百年京宁、祥圣食品等龙头企业实行"订单生产"，与合作组织、规模基地、中小散户构建农业产业化联合体。当地农民除了从事农业生产外，还可以在农产品加工、销售旅游服务等领域就业，间接增加大量就业岗位，直接带动农民增收，园区农民可支配收入年增长保持8%以上。

（二）经济效益

因为水分、温度、养分控制更合理，栽培设施更先进，草莓产量提高30%~40%，还可以反季节栽培，价格优势明显，采摘价格在100元/千克左右。通过区块链全过程溯源，提高现代农业产业园品牌价值，促进园区草莓果品标准化分级，通过多渠道、多方式的品牌宣传，提升盐都草莓现代农业园的品牌知名度和曝光度。

（三）生态效益

通过现代农业产业园智慧农业大数据平台和物联网传感器，对农业生产环境实时监测与气象监测预警，实现对生产环境的全监控、全感知、全预警，提高现代农业产业园产业基地的综合生产能力和灾害预警等能力。

利用区块链、物联网、大数据等数字农业核心技术，促使现代农业产业园种植生产的标准化、数字化，化肥农药使用量减少5个百分点，提高产品品质；通过物联网监测草莓种植基质EC值，及时监测草莓基质中盐离子含量，确保草莓种植的科学施肥，避免EC值超标及草莓苗定植后缓苗慢或死苗，草莓植株矮、生长缓慢、对病害抵抗力低等情况。

第二节　湖北未来家园高科技农业股份有限公司

一、基本情况

湖北未来家园高科技农业股份有限公司（以下简称未来家园）是一家致力于打造高科技三产融合示范园区的国家级高新技术企业，注册资本25 500万元，已在武汉股权托管交易中心挂牌，被评为武汉市都市田园综合体创建单位及湖北省休闲农业示范园。未来家园专注于农业产品的研发、种植、深加工，依托农业平台进行大健康产业开发，包括保健食品、养生、旅游和综合服务等。

未来家园位于武汉市江夏区舒安街，毗邻风景秀丽的梁子湖。园区规划用地1万亩，已建成5 300亩；规划投资10亿元。公司聚焦特色农业研发，专注于以蛹虫草、猕猴桃等为主要原料的系列健康品及生物精华膜的研发、生产与销售。

秉承绿色发展、科技创新、产业融合理念，经过多年投资与建设，未来家园实现（第一产业）农业、（第二产业）生产加工业、（第三产业）新型文旅/服务产业以及农业物联网科技研发应用的深度融合发展。

二、主要做法

（一）硬件设备及接入认证平台

1. 网络硬件设备

全园已铺设光纤，具有机房1个、标准42U机柜2个、20U机柜4个、服务器8台、监控摄像头65个，在各信息点未来主馆均建设有环幕系统。园区已搭建在线直播系统，用户可在线全方位实时浏览园区实景。

2. 物联网设备统一接入认证平台

针对园区一二三产业的变送器、继电器、PLC等设备，平台整合了TCP、Http、Modbus、Mqtt、Lora等物联网应用协议，提供设备接入、身份认证、数据采集、数据交换、数据存储的统一管理平台。

(二) 信息化系统应用情况

1. 园区水肥一体化控制系统

全园建有8个控制泵房，每个泵房有不超过32个控制阀。系统采用基于Web方式的泵房、控制阀管理，可便捷实现园区3 900亩猕猴桃种植区域的日常水肥管理，并实现精准滴/喷灌，高效利用水肥养分。

2. 猕猴桃种植管理系统

园区3 900亩猕猴桃有多个品种，每个品种的生产周期并不相同。该系统基于物联网应用技术，对猕猴桃园分区管理，记录猕猴桃种植生产全过程及原辅料使用情况，从而实现智慧生产、产品溯源等。猕猴桃种植区建有2个气象站，采集大气光照、$PM_{10}/PM_{2.5}$、二氧化碳、湿度、风力风向、土壤墒情、虫情等数据，作为智慧种植的数据依据。

3. 大棚种植物联网应用

基于物联网应用技术，提供大棚室内环境调控、送风、灌溉、卷帘等自动化操作，实现节省人力、提高质量、拒绝污染的目的。

4. 可视化大数据监测平台

基于园区5个物联网信息点，面向决策指挥。可实现快速响应、数字化调度等能力，供生产人员随时分析园区大气、土壤数据，并作为园区水肥一体化滴灌系统的滴灌策略、猕猴桃精准化农事生产的依据。系统可指定数据刷新时间,如1秒、5秒、10秒,也可根据一段时间范围综合分析数据最大值、最小值、偏离值,并在某个区域的数据连续偏离时自动报警(图8-2)。

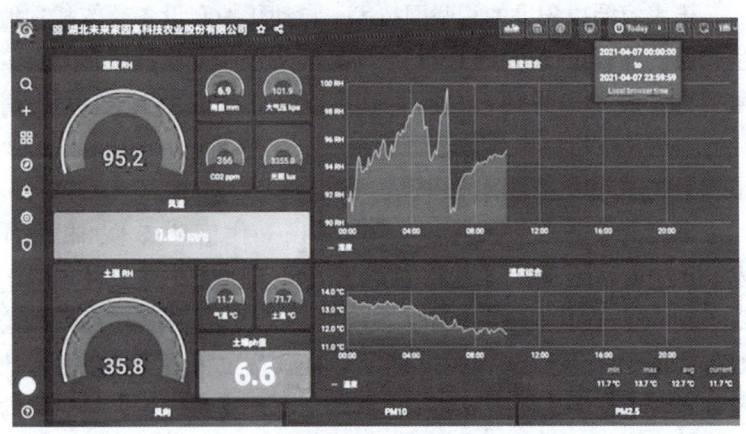

图8-2 可视化大数据监测平台

5. 蛹虫草生产控制系统

基于物联网技术深度模拟虫草生产的各阶段环境,实现虫蛹接种、培育、采收、消杀、干燥全自动化操作。系统根据每批次工艺要求,基于物联网技术调整培育室环境,实现蛹虫草在5个培育子阶段的环境自动控制,并记录每阶段的各项环境数据、生产数据,从而实现高质高产的数据模型,用来促进工艺工序的提升。

6. 溯源管理系统

基于农事日志、原辅料管理功能,目前已实现蛹虫草产品、猕猴桃产品的批次溯源管理,实现从原料到成品、从成品到库房、从库房到消费者环节的跟踪。

7. 电子商务

公司除开设京东、天猫旗舰店外，还自建了基于提货券的自助服务系统，为用户提供凭券提货、复购、售后等服务。

(三) 信息化特点和亮点

未来家园以先进的物联网技术、自动化控制设备，依托本地生态及农业资源优势，积极响应国家数字农业、乡村振兴等政策号召，发展"互联网+农业"，让农业生产变得更智能和精准，让农业管理变得更高效和透明。

1. 强化科技兴农，增强农业创新力和竞争力

未来家园采用物联网、大数据等新一代信息技术，相继开发、实施园区水肥一体化控制系统、园区种植管理平台、基于Grafana的大数据监控系统，实现墒情自动预报、灌溉智能决策，通过远程专家会诊，及时发现并诊断作物病虫害情况，提出有效及针对性措施，快捷高效地指挥调度；实现用药、用水、用肥的精准控制；实现节本增效、降低化肥/农药投入量、减少浪费、降低污染、稳收增产等目的。

为了实现蛹虫草产业的发展和蛹虫草培育的规模化，未来家园采用新一代人工智能技术，结合现代装备，开发蛹虫草智慧工厂，形成3项发明专利和5项实用新型专利技术，并建设蛹虫草培育馆1万米^2，每天可活体接种蚕蛹2 200千克，采收成品蛹虫草300千克。可以更加高效地进行蛹虫草培育和管控，实现了蛹虫草质量和产量的大幅提升。

2. 打造智慧农业，提升乡村产业链现代化水平

未来家园利用物联网技术，实现园区全物联网化、数据化、可视化，建设视频化追溯管控平台，将园区所有种植系统、技术研发体系、生产加工过程、商品流通过程等大数据进行集中展示，打造园区智慧实验室，实现智慧种植、智慧加工、智慧流

通、智慧园管。

园区已完成6个农产品种植、初加工大棚场馆，7个配套智能农业物联网信息监控中心，5个花篮形农业科普体验馆，1个综合智能栽培大棚及1个农业菌种研发科研场馆。蛹虫草种植车间11 000米^2，具备大规模工业化生产蛹虫草的能力；综合智能栽培大棚26 000米^2，能全面满足园区水、土、气雾，北果南移等高科技栽培需求；未来信息馆总占地面积50亩，建筑面积8 000米^2，是园区物联网信息展示中心；园区开发完成配套的独立线上营销平台——农云网，助力园区网上农产品销售。

3. 推动三产融合，推进乡村建设和乡村治理

未来家园一二三产业相互渗透、相互融合、相互支撑、相互促进、相互发展、相互创造，致力于实现农业产业化、农民新型职业化，打造农村未来生活新空间。

未来家园完成了园区内的参观大道、花卉、景观树木和综合基础配套设施的建设，致力于将园区打造成为万亩花海、万亩果园的特色旅游度假村。在文化建设上，园区已与鄂州京剧团、中国京剧程派艺术研究会等相关文化艺术组织达成合作意向，倾心打造以梁子湖传说为背景的大型文化艺术演出项目。在乡村旅游建设上，园区与舒安街道、园区区域内村庄共同规划，打造有地方特色的乡村民宿、民俗旅游项目。园区依托梁子湖水体及自然风光已规划设计了灯光水幕电影秀、航空无人机表演、全国垂钓大赛、乡村摄影大赛等相关旅游活动。在未来科技馆内，安装有大型全息纱幕及360°巨型环幕，满足游客全方位沉浸式视听需求。

三、经验成效

（一）经济效益

基于物联网技术，建成全国最大的11 000米^{2}蛹虫草种植车

间，打造了全国唯一的虫草智能种植生产线，使园区具备了国内唯一可大规模工业化生产蛹虫草的能力，实现虫蛹接种、培育、采收、消杀、干燥全自动化操作。每天可活体接种蚕蛹2 200千克，采收成品蛹虫草300千克。

（二）社会效益

自2013年创建以来，未来家园吸纳了200余名当地村民回乡就业，解决农村劳动力就近就业岗位1 000余个，带动500余户农户人均年增收3万元，其中带动精准扶贫建档立卡贫困户200户，人均年增收2万元。后期还有望带动村级集体、周边农户增收幅度持续增长。为了进一步吸纳本土人才，提高当地村民收入水平，扭转舒安"空心村"现状，加速"三产融合"发展进度，未来家园在接下来的发展中做出了一系列的规划。

（三）生态效益

未来家园通过应用智能喷灌系统，在有限管理人员条件下，猕猴桃种植规模快速扩大，建成3 900亩，共计62 000余个猕猴桃种植箱，已完成猕猴桃栽种124 000余株，完成猕猴桃种植配套钢丝网架3 900亩，实现了自动高效节水灌溉，根据采集数据精确判断作物需水量，定量施肥浇水，实现资源合理利用，保护农业生产环境，达到了绿色循环、节本增效的目标。

第三节 黑龙江省七星农场

一、基本情况

黑龙江省七星农场为生产型示范基地（以下简称七星农场），总控面积1 208千米^2，耕地122万亩，其中，水田105万亩，是全国优质粳稻面积最大的现代化农场之一，已被列入全国农垦现代农业示范区、粮食生产功能区和重要农产品生产保护区。七星农场以产业数字化、数字产业化为发展主线，以数据为关键生产要素，坚持以信息化带动现代农业产业化的发展思路，积极打造垦区"智慧农业"示范区。近3年，信息化建设资金累计投入3 000余万元，获黑龙江省农垦总局①科技进步奖2项，其中，自拟课题"七星农场基于农业物联网的大田种植系统的研发与应用"获黑龙江省农垦总局科技进步奖一等奖，并被农业农村部信息中心推介为全国150个数字农业农村新技术新产品新模式优秀项目之一。自拟课题"七星农场基于农业大数据的金融服务系统的研发与应用"获黑龙江省农垦总局科技进步奖二等奖。

二、主要做法

（一）瞄准智慧农业方向，实现农业信息化向智能化跨越

1. 开展智能应用

七星农场建设了6座大型浸种催芽厂，采用信息技术管控芽种生产过程，部署多路传感器巡回检测，实时自动调控水位、水温，满足生产需求；在研发中心建设8栋智能育秧大棚，实时监测秧苗龄期、棚内空气温湿度、土壤温湿度，利用水肥一体化设备自动补水施肥，利用卷帘、喷淋技术自动调节棚内温湿度，实现水稻育秧环境的智能化控制。

2. 叶龄智能诊断应用推广

实现水稻生产的精准化。叶龄诊断是寒地水稻栽培的核心生产技术，这项技术需要技术人员通过观察水稻的长势长相然后依靠专业知识来判断叶龄，尽管多年来七星农场做了长期培训服务，多数农户还是不能自主识别水稻实际叶龄。为解决这一技术

---

① 现为北大荒集团有限公司。

瓶颈，2018年七星农场联合哈尔滨工业大学启动了智能叶龄诊断技术研究。七星农场委托哈尔滨工业大学开发了基于农业大数据的智能叶龄诊断系统，水稻生长性状智能采集装置主要由高清摄像机和各类数据采集传感器组成，将摄像机预置在最佳位置和最佳角度，定时定点采集水稻生长图像，运用视觉计算和人工智能技术对这些图像进行处理，判读水稻的叶龄、分蘖数、株高、叶长、叶色、有效光合面积等水稻生长性状的量化指标，再结合环境数据、天气预报、土壤营养、灌溉状况等因素，利用大数据分析技术形成精确的农事活动指导建议，通过App直接推送到农户的手机上。通过近3年的研发，该系统已经能够检测出叶龄、株高、分蘖数等基本信息，进而为农户提供施肥、灌溉等方面的建议。

3. 建设智能灌溉应用

2020年七星农场开发了以智能叶龄诊断技术为支撑的智能节水灌溉系统，实现了根据水稻生育进程智能调控水层。当智能叶龄诊断系统检测到水稻叶龄变化时，会向智能节水灌溉系统发出一个信号来控制阀门开闭，根据水稻不同叶龄期的需水要求智能调整水层高度，实现"浅、湿、干"水层量化管理，进一步降低水稻生长季的田间用水总量。同时，智能灌溉技术还能更加科学地控制无效分蘖，提高成穗率，达到以水调温、以水调气、以水调肥、以水促产的目标，从而提高水稻的产量和品质。

4. 创建专属智能农机试验区

在农机科技园区专门整理出80亩耕地用于农机作业试验。重点开展无人化田间作业试验研究，向技术合作单位提供便捷的试验、测试、示范、推广场地。在非作业季节也能对各种智能农机装备进行有效的技术测试，也为各个合作厂商提供了标准化的测试场所，已有34家农机、自动驾驶技术相关科研机构、企业进驻，开展联合试验示范，每年开展智能农机装备试验测试150余个工作日，测试总时长超过2 000小时。专门开发了智能农机测试管理系统，建立了垦区首个面向生产需求的作业性能评价体系。这是国内第一个关于农机智能化作业品质的应用系统，初步形成了实现水田生产全过程智能精准机械化的技术途径。

5. 构建无人农场作为全程智能化的展现方式

农场打造了500亩地试验田作为载体，将已经成熟、完善的各环节智能化单项技术进行集成组装、展示。建设水稻"无人农场"示范区，重点开展智能叶龄诊断、智能节水灌溉、全程轨道农业、农机全程无人化作业、无人农场智能采集系统、农业大数据系统、无人农场调度系统7项技术模式集成示范。

2019年七星农场在水稻生产全程智能化示范区率先开通了黑龙江省农垦总局首个5G基站，大力开展5G应用场景下的无人农机作业技术研究，加快推进水稻生产智能化建设进程。现已实现无人搅浆、无人插秧、无人机巡田、无人收获、无人整地。罗锡文院士用了5个"最"字评价该无人农场项目，即"规模最大、设备最多、项目最全、水平最高、程度最高"。

6. 创建"农业大脑"

为真正实现水稻生产全程智能化，减少种植环节中人脑的主观干预，2019年七星农场与哈尔滨工业大学合作完成了"农业大脑"的初步设计，并完成了水稻生长管理知识图谱构建，运用大数据合理高效地指挥调度农业生产，建立基于农业大数据应用的水稻生产智能管控平台，这个平台即"农业大脑"。"农业大脑"由评估决策体系、知识管理体系和大数据分析工具组成，它以优质高产为目标，结合农学理论、农艺要求、品种信息、生资信息、装备信息及成本控制目标等约束条件进行深度分析，生成作业任务，并安排智能装备完成，信息采集系统监测智能装备作业质量、进度等作业信息，反馈给"农业大脑"，评估作业品质、影响以及后续策略，形成闭环控制，实现自我学习，是人工智能技术在农业领域的具体应用。通过对病虫害、冷害等灾情发生规律的统计分析，对照灾害发生年份的生长环境信息，总结灾情发生规律，再根据当年实时监测情况，进行自然灾害预测预警，科学预防，规避灾害。2020年七星农场与哈尔滨工业大学合作"水稻生产智能管控服务平台开发与应用"研究课题，获得黑龙江省"百千万"工程科技重大专项项目支持，总投资1 400万元，预计通过2～3年的建设可基本实现"农业大脑"功能。

(二) 运用信息技术提升管理水平

1. 开发12个管理系统

包括资源管理、资产管理、项目管理、公文处理、人力资源、土地发包、补贴缴费、农贷管理、预算管理、财务公开、业绩考核、安全管理。通过管理软件的应用，大幅提升了办公效率，让办公数据更加精准、办公程序更加便捷。

2. 创建农户服务平台

平台包含了农场对农户的所有业务，农户只需要一部智能手机就可以获得成本管控、专家问诊、施肥建议、生资订购、农业保险、承包缴费、金融贷款、技术培训等多项线上服务。

三、经验成效

(一) 促进农业产业升级

1. 做优做强农产品生产基地

利用基于物联网的环境监测体系，大力推广适合本区域种植的优质品种。2020年共种植绥粳18、三江6号等优质水稻品种

49.03万亩，蟹稻1 100亩，互联网+绿色水稻600亩。

2. 借助物联网平台，链接了食品质量安全可追溯系统

开发设计了"现代水稻供应链模式"，编制了水稻供应链管理规划和运行手册，实现水稻生产全程可追溯，通过采集生产种植大数据，包括备耕、春播、夏管、秋收、整地、产量预估等数据，形成了水稻生产全过程的种植档案，并借助物联网技术，开发了物联网环境下的水稻供应链管理系统，实现覆盖水稻全产业链条全生产环节的质量可追溯，打造绿色、安全、放心的水稻品牌，以此提升七星农场稻米产业发展水平。2020年追溯水稻优质品种地块388个，面积14.54万亩。

（二）实现降本增效

1. 构建了"标准成本控制下的标准种植模式"

开发建设了种植成本记账系统，软件使用率达到90%。经测算，种植户亩成本节约在200元以上，实现了由粗放管理向精准化管理的转变。2019年七星农场粮食总产量7.25亿千克，七星农场连续13年被农业农村部授予"全国粮食生产先进（标兵）单位"称号。七星农场已申请"水稻标准成本控制下的标准种植模式"为黑龙江省地方标准，七星农场被国家标准化管理委员会确定为东北地区唯一"国家水稻标准化区域服务与推广平台"。

2. 推广智能灌溉系统的应用

每亩可节水40 $米^3$，成本节约5元，同时产量提高20千克/亩，不仅降低了生产成本，还实现了淡水资源的合理高效利用。

3. 农场管理全面信息化

七星农场开发建设了12个管理系统以及惠农服务平台，提高了农场管理水平，节约了农户的生资采购成本，使种植户与农场相关业务的办理更加透明、公正、便捷。

4. 以叶龄智能诊断技术为核心的水稻生产智能管控系统应用推广

项目示范区水稻肥药使用成本降低 30 元/亩,产量增加 30 千克/亩,增产增收 80 元/亩,综合品质评分增加 2 分,主要表现在出米率、食味值的提高,提质增收 40 元/亩。

(三)加快农场水稻品牌建设

七星农场借助食品质量安全可追溯系统和现代水稻供应链,重点打造"七星粳米系列"品牌。通过供应链销售的原粮预计每千克售价可提高 1~2 元,印有七星水稻品牌印戳的成品大米预计每千克售价可提高 3~4 元。

2019 年七星农场通过供应链销售 4.8 万吨水稻;通过"共享农场"模式销售 0.4 万吨水稻;借助电商平台销售 5.9 万吨水稻;2020 年七星农场与上海中链投资控股集团有限公司签订 1 000 亩水稻产品订单,共同打造稻米区块链溯源平台,稻米产业发展与品牌建设效益初显。

第四节 内蒙古蒙牛乳业(集团)股份有限公司

一、基本情况

内蒙古蒙牛乳业(集团)股份有限公司于 1999 年成立,总部位于内蒙古呼和浩特,是中国领先、世界知名的乳制品企业,在全国拥有 41 个生产基地,在印度尼西亚、新西兰、澳大利亚拥有 3 个海外生产基地,年产能达 1 000 余万吨,形成了包括液态奶、冰激凌、奶粉、奶酪等品类在内的丰富产品矩阵,拥有特仑苏、纯甄、真果粒、未来星、冠益乳、优益 C、每日鲜语、蒂兰圣雪、瑞哺恩、贝拉米等明星品牌。

蒙牛产品还进入了东南亚、大洋洲、北美等区域10余个国家和地区的市场。2020年，公司营业年收入760亿元，净利润35亿元。近3年运营情况良好，信息化建设投资近3亿元。

近年来，内蒙古蒙牛乳业（集团）股份有限公司（图8-3）先后获得"农业产业化国家重点龙头企业""国家知识产权示范企业""2019年全国农产品加工业100强企业""全国优秀奶源管理示范企业"等称号以及"2018年全国企业档案工作管理创新优秀案例优秀奖"等荣誉。

图8-3 内蒙古蒙牛乳业（集团）股份有限公司

二、主要做法

为贯彻落实习近平总书记关于推动数字经济和实体经济融合发展的指示精神，内蒙古蒙牛乳业（集团）股份有限公司布局全产业链，利用最新的数字技术，围绕数据、业务流程、产业链上下游的互动创新，持续推动乳业领域的数字化建设，提升企业的核心竞争力。重点在数字化牧场、数字化渠道、数字化工厂和数字化生态共赢方面着力,在"产业+科技"上布局,创新乳业发展新业态、新模式,用数智化驱动高质量发展。

(一) 建设数字牧场系统,用数字技术推动牧场产业链升级

蒙牛数字牧场系统是一套集人工智能、物联网、5G 技术与传统畜牧产业技术于一体的系统,其先进的顶层架构、技术路线和实施路径确保了系统的高可用性和智能化水平,推动了蒙牛乳业对产业链中至关重要的核心生产资料——原乳的供应链创新体系建设。

在牧场智能管理领域,通过不断的迭代升级数字牧场总体方案,实现了牧场的活体资产(奶牛)数字化标记、牧场生产管理的数字化设计、数字化管理、数字化交付、数字化运行以及基于区块链技术的全产业数据透明共享,逐步提升数字牧场产业链智能化水平,促进产业协同发展;在牛乳智能生产领域,着力应用物联网技术、畜牧装备智能化技术、数字牧场孪生与 5G 技术,加速畜牧产业智能化升级;在数字奶牛领域,蒙牛乳业正在着手建立我国首个数字化奶牛全生命周期行为基础数据库,通过洞察奶牛每日行为数据,辅以畜牧业专家的建议,融入饲料业、兽药业、金融和保险体系等生态伙伴,构建高效管理、粒度细且透明的奶源生产平台和可溯源的安全奶源供应平台,实现牧场产奶全流程数字化,为牧场主赋能,促进我国奶牛产奶量和产奶质量的提升,降低原奶的单吨成本,提升我国奶牛牧业的整体效率,建设牧场生态圈。

(二) 建设"智网"系统,深耕渠道数字化

蒙牛依托"智网"系统建设,逐步构建并形成了以数据作为内驱力的企业渠道融合和供应链前端协同,并通过大数据及 AI 等关键技术向供应链、消费者等核心业务赋能。

通过"智网-牛要客"功能，首次在乳业销售领域实现了重要客户的实时自动开单、实时自动对账业务，大幅提升了履约效率，后期还将借助大数据分析技术来进一步实现对客户供货需求的精准预测；通过"智网-图像识别"功能，实现了对产品铺市、陈列管理、竞品采集等关键领域关键绩效指标结果的自动出具，并通过对产品模型的持续训练和算法调优，提升了分销识别率等，实现对渠道的智能化管理；通过"智网-线路规划"功能，依托地图工具实现对业务人员访店线路的优化，指导业务员高效地安排行程和完成访店，为业务员业绩提升提供支撑；通过"智网-垂直兑付"功能直控终端，提升企业触达消费者的能力，对上百万核心销售点用户群做到精准管理。

通过"智网"系统的全面落地，实现了蒙牛渠道的数字化管理，加速了蒙牛乳业产业上下游生态的变革与重构。

(三) 建设数字化工厂，以智能制造提升蒙牛生产效益

蒙牛数字化工厂项目，是乳制品行业首个从规模扩张向质量效益转型发展的项目，项目荣获了国家智能制造试点示范单位荣誉，树立乳制品制造业智能制造形象，形成了良好的示范效应，并获得工业和信息化部认可，成为中国制造2025与德国工业4.0对标的智能制造企业。

蒙牛数字化工厂以车间生产运营管理的制造执行系统为核心，依托5G、物联网等技术，与企业自动化生产设备及企业其他经营管理信息化系统集成，实现设备互联、系统互通。在提升企业生产效率、技术与质量控制能力，保障乳品质量的同时，也实现了降低能源资源消耗、降低生产运营成本，对乳制品生产加工企业制造过程中的智能化和绿色化发展具有重要意义。

蒙牛数字化工厂推动了乳品制造业由传统模式向自动化、信息化、高度集成化升级，形成了有效的智能化建设经验与模式，

为迈向全球打下良好基础。

三、经验成效

内蒙古蒙牛乳业（集团）股份有限公司通过建立智能制造数字化工厂，有效促进了生产效率提升、运营成本下降、产品不良品率下降和能源利用率提升，并在生产报表优化率等方面带来极大的改善和提升，提升了乳品行业管理效率，进而推动了行业的整体建设。

通过推广应用奶牛场物联网和智能化设施设备，提升了奶牛养殖机械化、信息化、智能化水平，加速了奶牛养殖行业经营管理模式的变革，推动构建多方协作、互利共赢的产业生态圈，并带动大数据核心产业和电子信息制造、软件与信息服务、人工智能等相关新兴产业蓬勃发展。同时，以信息化带动工业化，实现了企业管理现代化，提高了效率和效益，增强了企业核心竞争力。

通过构建标准化业务组件库及OpenAPI体系，将企业的数字化能力开放，通过标准化的输出，协同产业链上下游挖掘乳业领域的数字化机会，打通数据资源要素流通壁垒，通过各类数据资源的交换与共享，推动产业链、供应链、创新链上下游企业数据的贯通和业务协同，打造我国乳业高质量发展的创新生态圈。

内蒙古蒙牛乳业（集团）股份有限公司的数字化转型将推动全链条的数字化、智能化转型，让产业链与消费者紧密连接，实现各环节的供需智能调控，推动商业模式转型，跨越业务边界、跨越行业边界、跨越认知边界，通过数字经济与实体经济的紧密融合，用数智化的蒙牛打造乳业乃至消费品行业的新标杆。

第五节　四川铁骑力士食品有限责任公司

一、基本情况

（一）企业概况

四川铁骑力士食品有限责任公司（以下简称铁骑力士）以一核（川渝区）三极（东北、长三角、大湾区）布局全国，是一家集饲料、牧业、食品、生物工程于一体的现代农牧集团公司，下设猪业、圣迪乐、食品、饲料、新兴业务5个事业部，在全国建有151家分（子）公司，形成了从饲料生产、良种繁育、畜禽养殖到提供安全、美味食品的全产业链。2020年产值125亿元，其中，生猪产业产值60余亿元。近3年，公司累计完成投资达20亿元，其中，企业的全产业链数字化管理、智慧养殖、智能制造、生猪交易市场等生猪产业信息化及集团533全产业链云端经营决策管理平台建设投资超过2.4亿元。

（二）资质荣誉

铁骑力士为农业产业化国家重点龙头企业，先后斩获高新技术企业、全国第二批数字商务企业、国家认定企业技术中心等荣誉。同时作为行业内唯一同时承担国家现代生猪、蛋鸡、水禽三大产业技术体系综合试验站的企业，先后荣获国家科技进步奖3项、部省级科技进步奖20余项，申请专利160余项。

二、主要做法

随着互联网应用的快速普及，企业信息化建设已经成为提升企业经营管理能力、促进企业发展、构建核心竞争力的必备条件。铁骑力士依据农牧行业向智慧化、数字化、集约化转型的发展需求，主要从以下 3 个方面构建整体推进能力。

一是加强人才队伍建设。通过组织变革，成立了数字化中心和创新研发 X 战队，信息技术团队达 100 余人，其中专业软件研发人员 50 余人，硬件研发人员 10 余人，系统集成和运维、实施管理人员 40 余人。构建从需求挖掘到产业研发，再到产业实施应用、运维服务为一体的信息化保障体系。

二是夯实企业数字化基础能力底座。一方面集团率先搭建全国分子机构 VPN 网络通道，实现百兆以上有线和无线网络全面覆盖，建成网络行为统一审计和监控管理体系；另一方面全面提升云计算资源服务能力，将 90% 业务系统部署云端。同时，构建网络安全堡垒系统，部署多套防火墙、堡垒机等网络安全产品。

三是完善企业数据中心和开发环境部署。建立企业核心数据融合仓库，配置 SQLserver、Oracle、PostgreSQL、DB2、mySQL 等多套主流数据库系统，部署云端 SVN 代码统一管理平台，已完成包括 ERP 系统、MES 系统、CRM 系统、SRM 系统、HR 系统、OA 系统、BI 分析系统等核心业务系统开发实施和深度应用。

目前已经形成可复制、可推广的技术和模式包括如下 4 个。

（一）基于种猪个体、栏号的智慧生产管理系统

利用 RFID 电子耳标系统，研发"云端+移动端"生产管理 App 软件，自动识别种猪个体，根据标准生产流程，实现生产任务的自动提醒、生产指标的实时分析等功能，准确录入种猪生产状态及生产成绩，建立种猪生产信息档案，确保种猪繁育过程全程监控。同时，结合二维码栏位管理信息精准定位种猪个体，快速完成生产任务执行和生产指标参数的优化操作，全面提高管理的及时性、精准度，实现生产成绩和指标整体提升。

（二）养殖数据采集、远程控制物联网平台

1. 环控数据采集监测系统

利用物联网传感器技术，实现养殖生产环境的实时在线监测，通过采集温度、湿度、光照、二氧化碳等关键环境参数，反馈至本地风机、风窗、湿帘等设备控制系统，实时智能调控养殖生产环境至最佳状态，从而减少猪群发病概率、提升饲料转化率，降低饲养成本。同时，通过物联网系统将采集到的环境参数和设备状态信息上传到云端数据中心进行存储和展示，并配置环境参数预警阈值和策略，实现参数异常自动预警，降低环境参数超标带来的风险。

2. 饲喂数据采集监测系统

通过安装饲料自动化输送料线和料塔称重传感器，实时采集饲料存储料塔的重量，根据猪群营养需求，配置每天自动下料策略，实现按时、按量的自动化精准投放，进而实现猪群的精准化饲喂。同时，系统会自动统计料塔每餐和每天的耗料情况，实现缺料和饲喂超标自动预警。

3. 能耗数据采集监测系统

通过在每栋养殖圈舍安装物联网智能电表、流量计、水压监测传感器等物联网设备，将每栋圈舍的实时水压、电压、功率、水电消耗等数据上传到物联网平台，实现全网实时监测、自动预警，同时比较每个生产单元的耗用情况，及时发现能耗超标问题，减少资源浪费。

（三）基于音视频监控 AI 分析平台

通过安装音视频监控摄像机，利用网络将各种生产现场的实时图像传输到后端监控中心，实现远程监控的同时，在监控中心建立 AI 算法训练平台，对图像中的关键信息进行多次标记，形成算法识别标准模型，再将算法模型部署于前端监控设备，实现

设备基于标准模型的智能识别和自动预警。目前已经形成的算法模型包括入场工作服识别、物品消毒时长识别、猪只计数识别、入侵侦测识别等。

(四) 养殖大数据综合分析平台

建立数据仓库,将前端采集到的各类环境数据、饲喂数据、能耗数据等物联网数据进行数据清洗和筛选,实现数据标准化管理。有效融合生产指标数据、成本数据与物联网数据,构建数据相关性分析模型。综合分析环境、饲喂、能耗等物联网数据对生产指标、生产成本、疫情防控等的影响,从而及时发现生产现场存在的隐患,加强智能化管控力度。

三、经验成效

(一) 经济效益

农牧行业产业链条长、供应环节多、标准化程度不高等问题突出,信息化技术的应用推广,实现了产业上下游的资源整合与信息共享,做到"用数据说话、用数据管理、用数据决策、用数据创新",不但全面提升农产品品质,而且大幅度降低生产成本。初步估算,引入信息化技术后,公司生产成本降低了5%~10%。以母猪精准饲喂系统为例,断奶猪成活率上升了3个百分点,日增重增加了0.12千克,母猪发情率提高了5个百分点,同时,精准采食下料,饲料、水节约率5%左右。

(二) 社会效益

铁骑力士坚定履行社会责任,在脱贫攻坚战中发挥了积极作用。探索出"1211""1+8(N)"等产业扶贫模式,直接带动2万余户建档立卡贫困户增收,仅在凉山地区就带动4 000余户人均年增收3 000~5 000元。2018年被国务院扶贫办、全国工商联授予"全国'万企帮万村'精准扶贫行动先进民营企业"称号,

2019年被国务院授予"全国民族团结进步模范集体"称号，2021年被四川省委、省政府授予省"脱贫攻坚先进集体"称号。

铁骑力士在信息化升级转型过程中，积极探索"政府主导、企业助推、村民参与、社会支援"四方联动的乡村振兴模式，打造"优食谷"食品园区。"优食谷"以"谷"为平台，整合产业资源，构建产业生态圈，延伸食品产业链，产生聚合效应。以德阳四川赵君记食品有限公司为例，入住"优食谷"后3年营业收入从2 000万元提高至2亿元，实现了10倍增长，新增就业岗位2 800余个，培训信息化应用人才1万余人。

第六节 宁夏华琳源农牧有限公司

一、基本情况

在宁夏回族自治区农业农村厅、中卫市各级人民政府及农业农村局的大力支持下，宁夏华琳源农牧有限公司（以下简称华琳源）目前为西北乃至全国重要的规模化、现代化、信息化蛋鸡育成生产基地。近30年，公司专注蛋鸡饲养、育雏育成鸡、鸡蛋销售、蛋鸡技术服务领域。华琳源旗下有银川育成基地和中卫育成基地。单批次蛋鸡存栏75万羽，年可向市场提供高价值青年鸡300万羽，年产值6 000余万元。

华琳源2009年投建的中卫育成基地按照国际/国内先进的高标准畜禽饲养场建设标准建设；蛋鸡饲养育成配套设备、饲料、动保、管理均按照高标准要求建设，并在新项目中累计投入800余万元，大力发展畜禽养殖信息化生产管理。

发展中的华琳源现为国家农业综合开发产业化扶持企业、国家数字畜牧业创新应用基地建设项目储备企业、宁夏回族自治区农业农村厅农业科技示范基地。

二、主要做法

公司围绕蛋鸡全产业链条，利用移动互联网、物联网、大数据、ERP 技术，实现从育雏育成鸡饲养到蛋鸡饲养、鸡蛋销售等全过程管控，形成从源头到投入、生产、产出各环节的信息化大数据追溯体系，并打造完成沙坡头区蛋鸡产业信息化管理服务平台，共建沙坡头区蛋鸡信息化应用推广基地，服务蛋鸡产业相关政府部门、服务蛋鸡产业龙头企业、服务蛋鸡产业新型经营主体、服务蛋鸡养殖主体和广大农户，实现龙头企业蛋鸡饲养精准化、经营智慧化、服务在线化，示范带动沙坡头区蛋鸡产业生产智能化、管理数据化、品牌数字化，引领沙坡头区蛋鸡产业转型升级和高质量发展。

公司购置了 50 万只蛋鸡（含蛋鸡育雏育成）信息化精准饲喂管理系统及其设备 9 套；改造鸡蛋收集系统和禽粪便清理系统；购置蛋鸡疫病监测预警系统、蛋鸡育成信息化管理系统、蛋鸡养殖大数据中心、电子商务管理系统等。建设完成了自动化精准环境控制系统，改造升级了畜禽圈舍通风、温控、空气过滤和环境监测等设施设备，实现饲养环境自动调节。

信息化建设主要包括如下 8 个内容。

1. 畜禽养殖信息化精准环境控制系统

蛋鸡饲养以鸡舍为单元，实时监测温度、湿度、光照和有害气体浓度等环境参数，通过无线传感网络模块，将远程数据传输给应用数据管理模块，自动与基准环境参数对比，自动调节通风、湿帘、照明等环境参数。同时，通过预警数据配合实时监控系统，远程控制、调节设备运行状况。

2. 畜禽养殖信息化精准饲喂管理系统

自动化控制是通过物联网信息采集中连接感知层的感知终端

和应用层智能处理核心的应用,信息传输传递应用层对感知层进行的智能控制和处理信息。完成信息采集工作之后,要通过网络传输将数据传递到应用层进行信息智能处理,同时应用层还可以通过数据传输来实现对信息采集终端的操作,实现精准饲喂与分级管理。

3. 畜禽养殖自动化产品收集系统

通过蛋鸡舍内部的传送装置,将鸡蛋输送到中央集蛋带,再由中央集蛋带传送至鸡蛋自动分级系统。首先经过光检装置,剔除脏蛋、破蛋、畸形蛋和裂纹蛋,再通过分级系统将鸡蛋按重量自动分为4个级别(分级精度1克)。中间2个级别的鸡蛋分别进入2套自动装盘系统,在自动气室进行大小头调整,再将鸡蛋自动装入30枚的标准蛋托。特大和特小的鸡蛋被自动传送到人工收集台,由人工将鸡蛋装盘。

4. 畜禽养殖无害化粪污处理系统

无害化粪污处理系统主要建设内容为改造升级现有粪污处理方式,提高粪污处理的自动化程度。自动化清粪系统的纵向输粪带从鸡舍前端运行到尾端,将鸡笼底下的鸡粪运送到尾端的横向输粪装置上,再由横向输粪装置将其运到舍外的斜向输粪装置上,斜向清粪带将鸡粪输送到运粪车上。自动化程度高的农场,配套中央输粪系统,可以将鸡粪直接输送到鸡粪加工处理车间或者场外再转运出去。

5. 畜禽养殖信息化蛋鸡疫病监测预警系统

该系统由蛋鸡疫病监测预警、预防控制、防疫检疫监督、兽药质量监察和残留监控,以及物资保障等子系统组成。这些子系统相互作用、环环相扣,构成蛋鸡防疫体系的整体。其中,蛋鸡疫病监测预警系统,是根据数字化系统所收集的饮水量、耗料量、产蛋量以及鸡群生长情况等信息和数据,提前预判蛋鸡疫病的发生概率，对蛋鸡养殖过程中的不确定性和风险因素进行监测，实现对蛋鸡疫情的提前防范和及时处理。

6. 畜禽养殖信息化蛋鸡管理系统

蛋鸡管理系统，是通过物联网技术，链接自动化数据采集系统与饲养管理系统，实现数据的自动化实时传输，保证数据传输的及时性、准确性。在全面分析蛋鸡饲养流程的基础上，通过充分利用数量遗传学、数理统计和物联网、互联网等信息技术，根据蛋鸡信息管理和数据分析的流程和实际需求，开发数字化饲养系统，研究集成数据智能采集、自动录入、实时储存、统计分析、远程传输、报表打印等功能，建立所有生产相关数据信息的智能自动化采集、传输和可追溯系统，将生产核心群数据、配合力测定数据、生产性能测定数据有效链接，保障数据的实时传递和精准性，制订平衡饲养方案，及时开展遗传评估，提高整体生产工作效率和市场应变能力，实现蛋鸡生产核心技术和支撑技术的全面升级。

7. 畜禽养殖信息化电子商务系统

蛋鸡电子商务系统利用"互联网+"与移动互联网、云数据的新技术应用，在 Web 端和 Pad/App 端实现全平台覆盖。电子商务系统第一阶段实现鸡蛋线下交易业务转线上完成；完成企业信息化战略布局，解决企业内销售渠道管理。第二阶段实现农产品如鸡蛋、淘汰鸡及金融保险的在线交易；完成整个产业互联网布局，将蛋鸡鸡蛋行业上下游产业链集成交易。通过建设产业互联网，配合国家供给侧结构性改革，提高行业产品品质、调节市场需求。

8. 畜禽养殖信息化客户服务系统

客户服务系统以客户为中心，以流动蛋鸡超市为依托平台，以销售生产体系为支撑主体，利用移动互联网技术实现 Web 端和手机端线上客户服务体系管理,通过集成蛋鸡平台、电商交易系统、行业 ERP 系统,全面、实时、集成地反映蛋鸡营销业务过程中的销售、财务、生产及其相关信息的变化,从而全面提高企业管理水平和产品质量,为企业领导决策提供更为可靠的、及时的、全面的信息支持。通过对客户基础信息的收集、分类和管理,实现销售售前行为的线上管理,同时集成客户的生产信息、采购信息及销售信息,形成完整的客户档案,实现对客户分类、分析的管理。

三、经验成效

蛋鸡养殖信息化建设与示范项目的建设,实现了企业蛋鸡饲养精准化、经营智慧化、服务在线化,带动蛋鸡产业生产智能化、管理数据化,经济效益、社会效益和生态效益显著。

1. 经济效益

项目投产运营后,年产鸡蛋 912 500 千克,实现销售收入 7 300 万元,实现利润 1 100 万元,并且使企业在推动技术创新、促进产销对接、实现资源共享、促进创新创业、实现生产可控、保障销售稳定、实现成本可控、控制养殖风险等方面直接获利。

2. 社会效益

项目的投入发挥了企业龙头带动作用,带动产业扶贫和就业增收,信息化带动了蛋鸡产业效率提升,增加了农民养殖收入。信息化建设驱动供给侧结构性改革,推动了鸡蛋有计划地生产。通过建立全过程数据追溯体系,加速了改善民生产业。信息化蛋鸡模式复制,还示范带动了家禽产业协同发展。

3. 生态效益

项目实现了鸡蛋生产与市场需求的匹配,促进资源利用最大化。同时,极大地减少了畜禽粪便给生态环境带来的危害,改善了项目空气环境、土壤环境和水环境质量，实现了资源节约、环境友好。除此之外，项目还在促进数字养殖运行系统化、保障蛋鸡产品质量安全化、推动废弃资源利用持续化、实现生态环境更加优美等方面生态效益显著。该项目提倡蛋鸡养殖业发展遵循动物健康发展的自身规律，在协调人与自然关系的时候，不是要破坏大自然的生态平衡，而是通过智慧化、智能化和数字化的管理控制系统，实现对蛋鸡养殖各环节的调控，加强对蛋鸡产业链建设和品牌营销的投入，实现自然生态更美，让人类生活更多彩。

第七节 重庆市农业科学院鱼菜共生 AI 工厂

一、基本情况

重庆市农业科学院属正厅级全民所有制公益性科研事业单位，位于重庆市高新区白市驿镇，受重庆市农业委员会管理。重庆市农业科学院建有国家级、省部级和市级重点实验室、工程技术中心等科技创新平台 34 个，科研实验示范基地 43 个，分布在重庆市 21 个区县，总面积 15 212 亩。获得省部级及以上科技奖励 55 项，专利授权 207 项，在核心期刊发表论文 1 500 余篇。目前已在农业工程智能化技术装备，丘陵山地粮油、蔬菜、茶叶、柑橘、中药材等作物农机装备关键技术研究与新产品开发，丘陵山地农业机械共性技术、智能与信息化技术研究，通用动力平台、核心零部件研发等农业遥感、农业物联网、山地数字农业、智慧农业信息技术研究等方面开展了有关研究，取得了大量的研究成果，为开展农业人工智能研究积累了一定的研究基础。

二、主要做法

重庆市农业科学院鱼菜共生 AI 工厂主要围绕工厂化农业生产关键技术创新研发，研究绿色循环高效安全生产模式工艺，可实现蔬菜播种、移栽、定植、运输、灌溉、环控、采收、切根、包装等生产环节的智能化无人操作。应用 5G、机器人、自动化生产线等新一代人工智能技术，攻克农业人工智能关键技术，研制鱼菜共生工厂化生产成套智能装备，自动化、智能化程度高，实现了蔬菜从"一粒种子到一棵菜"的全程无人化作业生产。养鱼投饵、分级、水质环境自动控制、设备自动变频等智能化调控，极大地降低了劳动力投入、提高了作业的精准性、减少了能源消耗。开展周年生产示范，获取动植物全阶段生长、生理数据，分析形成鱼菜生长决策模型。形成面向市场的工厂化农业生产成套技术装备和解决方案，具有示范和推广价值。

（一）叶菜全程无人化生产示范应用

针对目前重庆市设施蔬菜机械化率低、生产水平低，亟须设施蔬菜智能装备的市场需求，围绕蔬菜高效工厂化生产，以信息技术、自动化技术为依托，创新研究种苗柔性夹持与移植、伺服控制栽培盘抓取、多传感器融合定位导航、路径智能规划和控制、蔬菜智能收割等关键技术；研制低能耗水力驱动蔬菜立体栽培、移栽定植作业、智能物流运输、栽培盘智能取放、蔬菜智能收割等智能化设备；建立移栽、运输、栽培、采收、栽培盘清洗和消毒全程自动化高效生产技术装备及系统，形成蔬菜工厂化生产示范。

1. 低能耗水力驱动蔬菜立体栽培设备

低能耗水力驱动蔬菜立体栽培设备，采用水力驱动代替电力，可提升温室空间利用率，增加叶菜单位面积产量，减少栽培设备单位面积日耗电量。

2. 智能化物流输送系统

基于自动导引运输车（AGV）的温室智能物流系统，采用旅行商问题算法，以时间最短为优化目标，对 AGV 运输车、取放机器人、运输路线、运输时长进行优化调度，可实现栽培盘物流运输的无人化操作和智能化管控，提高转运速度和效率，节省劳动力投入。

3. 蔬菜智能收割系统

蔬菜智能收割系统，可实现叶菜采收环节中根菜分离、净菜收集包装、定植杯（盘）清洗回收全程智能化控制，整线工作效率 2 333 棵/时，节省劳动力投入 65%以上。

4. 移栽定植作业设备

移栽定植作业设备可实现钵体菜苗移栽、育苗盘清洗整理的无人化操作，平均移植速度 31.95 株/分，移栽精准率 97.5%，提高移栽环节工作效率 60%以上，节省劳动力投入 80%以上。

5. 栽培盘智能取放机器人

栽培盘智能取放机器人可实现栽培盘从立体栽培架上的取放无人化操作。固定作业机器人作业能力达到 962.02 千克/时，移动作业机器人作业能力达到 453.16 千克/时，作业成功率均达到 100%，节省劳动力投入 80%以上。

6. 潮汐式无人化育苗系统

潮汐式无人化育苗系统，实现了基质处理、定植盘解垛、定植杯装盘、精量播种、育苗盘摆/取盘、潮汐式水肥一体化灌溉、人工补光等作业全程无人化。播种效率 300 育苗盘/时。

（二）高密度循环水养鱼生产示范应用

搭建了 1 套工厂化循环水养鱼系统（RAS），水体体积约 1 000 米^3，最大养殖密度 100 千克/米^3，配套养鱼水质在线监控系统，实现了智能化控制。采用全自动投饵机、吸鱼分鱼机等智能装备，极大地降低了劳动力投入。

1. 循环水生化过滤系统

采用沸腾式移动床生物滤器，拼装式保温发酵罐+多面马鞍型轻质填料+曝氧系统，滤材在充足溶氧的气力推动和循环水泵入的条件下，经水体中硝化菌和亚硝化菌等微生物充分反应快速消解氨氮等物质。生物填料比表面积为 600 米^2/米^3，硝化速率为 0.45 克/（米^2·天），含高、低水位自动启停保护。

2. 消毒杀菌系统

采用"紫外线+臭氧"组合，杀灭绝大多数可能进入水体中的小型或微型生物，目的是防止一些生物可能带来的疾病，或成为潜在的捕食者或生存竞争者。在专用紫外杀菌消毒器内部采用浸没式布置紫外灯，紫外波长 250～260 纳米、紫外线剂量 32 000 微米/（秒·厘米^2），对自流横向穿越水中病毒进行杀灭。

3. 尾水收集处理系统

通过三路流通方式，在鱼池底部设双排污底盘，池外侧设竖流沉淀器，池壁设表面排污和溢流口。三路收集回路目的是将鱼粪、残饵等物质通过竖流沉淀、带反冲洗转鼓式过滤等物理或机械方式进行处理，滤清水回流到养殖系统低位集水池；滤除高浓物质经收集池泵送到种植池转化利用。竖流沉淀器处理量为 16 米^3/时；转鼓式过滤处理量≥80 米^3/时。

4. 鱼饵料精准投喂机器人

鱼饵料精准投喂机器人可实现鱼饵料的自动吸饵、称重、自动行走、定时定量定位撒料、自动充电等功能。

(三) 养鱼尾水生化处理示范应用

养鱼尾水处理包括鱼粪收集与浓缩、生化处理等关键环节。采用鱼粪浓缩机，可将鱼粪总固体（TS）含量从 0.06% 提高至

4.21%，浓缩70倍，解决养鱼尾水TS含量低的问题。通过养鱼尾水生化处理工艺，实现将鱼粪TS含量浓缩至3%~5%，氨氮去除率67.42%，硝态氮含量>2 000毫克/升，提高70.64%，亚硝态氮含量<0.2毫克/升，提高了养鱼尾水的利用率。通过鱼粪水肥一体化灌溉系统，将处理后的养鱼尾水自动配比成蔬菜栽培的营养液，进行循环灌溉。智能化、精准化管理，提高劳动生产效率，降低生产成本。

三、经验成效

1. 经济效益

鱼菜共生AI工厂采用全智能工厂生产模式，可实现蔬菜播种、移栽、定植等生产环节的智能化无人操作，大大降低了人工成本。工厂内养殖墨瑞鳕鱼、胭脂鱼、加州鲈鱼等高价值品种，最大养殖密度可达100千克/米^3，可实现温度、pH值、溶解氧、氨氮等水体指标的在线精准化调控，日平均补水量≤3%。年亩产优质绿色蔬菜22.5吨、高档淡水鱼100吨，年产值合计约800万元，实现"高科技、高产出、高效益"。

2. 社会效益

传统的栽培方式主要靠人工操作，机械化程度较低、劳动强度大、集约化程度低。露地栽培一般情况下年产4茬生菜，种植密度大、茬数少，容易受到自然气候的影响，严重时甚至绝收。蔬菜工厂智能装备的研制和投产，为温室设施条件下的叶菜（以生菜为主）周年生产提供了菜苗移栽、定植作业设备、低功耗水力驱动蔬菜立体栽培设备、栽培盘智能取放机器人、智能化物流输送系统、蔬菜智能收割系统等关键智能设备，大大提升了机械化水平，最大程度上实现了叶菜工厂化水培生产的高效利用温室空间和"机器换人"。同时，建成了示范基地，鱼菜共生AI工厂智能装备的研制与应用，完善了科研与应用平台建设，产学研联合攻关也促进了工厂化农业产业发展，体现了鱼菜共生工厂化生产领域的产业技术协同创新成果水平，以及相关机械设备制造的产业发展，培育了相关生产企业，社会效益显著。

3. 生态效益

温室设施内进行叶菜工厂化水培生产与鱼的高密度循环水养殖，可以有效开展温室环境与养殖水体调控，避免了蔬菜露地生产可能遭遇的洪涝、干旱等自然风险，避免了池塘养殖因为水体污染等原因造成翻塘等；利用鱼粪通过发酵形成营养液进行循环灌溉，避免了大量用水和化学肥料长期侵蚀露地土壤耕作层的酸化影响；通过生物防治方法的应用，避免了化学农药的使用，促进化肥农药减量化；基质替代土壤的固根栽培和回收利用，以及尾菜的无害化处理、资源化利用，提高了农业废弃物的资源化利用，减少了环境污染，促进发展绿色生态循环农业，生态效益显著。

第八节　合肥周谷堆大兴农产品国际物流园有限责任公司

一、基本情况

合肥周谷堆大兴农产品国际物流园于2015年6月开业运营，占地1 262亩，是一家集蔬菜、水果、水产品及畜禽肉类、粮油冻品、副食品、冷冻仓储、加工配送、检验检测等于一体的综合型农产品交易市场，年供应合肥市鲜活农产品447万吨，合作的农业生产种养殖基地近100家，2020年带动农业生产基地168万亩，农户约79.8万户。公司农产品销售辐射周边20多个省、市，2018—2020年实现综合成交量1 319万吨，成交额906.2亿元，是安徽省规模最大的农产品集散中心、价格监测中心、信息发布中心。先后获得"农业产业化国家重点龙头企业""全国实施卓越绩效模式先进企业"等称号以及"全国企业管理现代化创新成果一等奖"等荣誉。

多年来，公司高度重视企业信息化建设，专门成立了信息中心，先后开发了农产品生产决策管理平台、农产品质量安全信息化追溯平台和智能管理平台，大力提升农产品供应链信息化管理水平。

二、主要做法

公司将云计算、物联网、区块链、大数据、人工智能等新一代信息技术应用到企业管理中。

（一）农业生产决策管理平台

公司对流通追溯数据资源进行了深入挖潜应用，整合多种信息数据，建立中心数据仓库，利用交易大数据，对场内交易行情进行自动研判分析，实时监测农产品价格走势，基于行情变化的趋势，对农产品变化趋势做出自动预警和分析预判，为合作的生产种植户提供最为科学、有效的价格行情分析，指导其未来一段时间内的生产种养殖方向，降低市场波动风险，进一步保障农户的效益稳定和农产品市场的供给稳定。

（二）农产品质量安全信息化追溯平台

公司先后建立了肉菜流通追溯、外来肉换证登记追溯、智能冷库管理、食品农残检验检测四大系统组成的农产品质量安全信息化追溯平台。一是肉菜流通追溯平台。公司实现对32 910户蔬菜经营户和2 600户肉类经营户销售的农产品信息进行自动采集，日产生35 000条追溯数据，依托该平台，消费者可以通过扫二维溯源码查看销售单据详情、商户信息、抽检信息、监管记录等，让农产品生产有记录、信息可查询、流向可跟踪、责任可追究、质量有保障。二是食品农残检验检测系统。公司建设的 1 000米^2 检测实验室，通过 CMA 实验室资质认定并取得资质证书，配备原子荧光光度仪、气相色谱仪、液相色谱仪、紫外光谱仪、96通道大容量农残速测仪等高精密度检测仪器，满足蔬菜、水果、大米、面粉、食用油、酱油、醋、辣椒酱、腌腊肉、酱腌菜、豆制品 11 项食品类中部分检测参数，基本涵盖农产品批发市场销售的食品及农产品的检验检测。日均检测量为 500 个农产品种类。三是智能冷库管理系统。建立智能冷库管理系统及各类冷库内的监控，及时对冷库库存信息的更新和监管。同时，及时响应业务部门商户的调货需求，达到对场内资源的有效管理，进一步扩大商品的储藏时间，在特殊时期也可保证商品的供应。

(三) 智慧管理系统

为加强智能化管理，提升服务质量，公司先后研发价格指数管理系统、数据信用贷系统等。一是价格指数管理系统。周谷堆农产品批发价格指数是安徽省编制的首个流通领域民生商品价格指数，是政府向社会提供价格信息公共服务的一次创新，能够及时、有效、客观地反映场内农产品批发的行情变化，引导农产品消费，全面提高物价部门对市场农产品价格的走势监测和趋势分析能力，进一步增强合肥市农产品价格指数在全国的影响力。目前，在国家发展和改革委员会官网发布的农产品批发价格指数仅有北京和合肥两地。二是数据信用贷系统。收集各类生产种养殖基地、商品交易、物价情况等多方信息，与中国建设银行安徽省分行合作，利用掌握的大量交易数据，为合作的农户、家庭农场、农民专业合作社打造了最高额达 100 万元的无抵押贷款品种，无需提供抵押担保即可办理程序简单快捷、利息优惠低廉的贷款业务。三是诚信管理系统。以先进的经营管理制度和诚信经营管理体系为核心，打造信用综合管理平台，将合作生产种养殖基地、商户的交易信息以一仓一档形式，每年进行更新，建立红黑榜制度。四是指挥调度系统。通过生产种养殖基地安装的600多路监控摄像机尽可能完成对合作基地的全方位、无死角、全天候的可视化管理，指导农业生产。

三、经验成效

（一）经济效益

周谷堆肉菜流通追溯体系的建立，实现了全场无货币交易、全自助透明交易、全程可追溯的"三全"模式，在减轻企业的人工管理成本、给来场经营户创造舒适的交易场地的同时也带动了生产基地农民的积极性和经济收益。2019年，该市场直接/间接带动区域农户合计约79.5万户，人均年增收1 000元左右。2020年，该市场直接/间接带动区域农户合计约79.8万户，人均增收1 000元左右。

（二）社会效益

肉菜流通追溯体系的成功运行，意味着在一级批发市场环节实现了全品种覆盖、全自助交易、全自动追溯的全场电子结算，实现了肉菜类商品流通的索证索票、购销台账的电子化，极大地提高了流通主体的安全责任意识，强化了防范措施，增强了政府部门对问题食品的发现和处理能力，提高了食品安全监管和公共服务水平，有利于促使生产者按照食品安全标准从事生产加工，从源头提升产品的质量安全水平，实现了从田间到餐桌的全过程质量监管，真正形成了质量安全追溯链条。同时，带动专业化生产基地2万个、生产农户100万户，满足2 000万城镇人口的农产品需求，带动20万人就业，为切实解决"三农"问题、促进全省农业经济发展服务。

(三) 生态效益

公司通过绿色、节能、高效的标准化、信息化和自动化仓储保鲜冷链物流设施设备和先进技术的推广应用,有效地减少尾菜、腐果等农产品废弃物的产生,促进农业废弃物的资源化利用,提升用地、用电、用水效率,减轻物流园农产品垃圾处理压力。2016—2019年利用光伏发电技术,年均减少二氧化碳排放量1 490.48吨、二氧化硫量117.67吨。同时,利用建成的日均处理能力1 000 米^{3}的小型污水处理站,使公司排放标准达到合肥市巢湖流域排放限值。

参考文献

傅泽田,张领先,李鑫星,2016.互联网+现代农业:迈向智慧农业时代[M].北京:电子工业出版社.

李道亮,2012.农业物联网导论[M].北京:科学出版社.

李道亮,2021.物联网与智慧农业[M].北京:电子工业出版社.

李宁,潘晓,徐英淇,2015.互联网+农业:助力传统农业转型升级[M].北京:机械工业出版社.

刘驰,2021.物联网技术概论[M].3版.北京:机械工业出版社.

王宝地,2016.现代农业与互联网[M].北京:中国农业科学技术出版社.

周晓光,杨萌柯,2016.互联网物流[M].北京:中央广播电视大学出版社.

图书在版编目（CIP）数据

低聚木糖研究与应用 / 武书庚，信成夫主编.
北京：中国农业科学技术出版社，2025.8. -- ISBN 978-7-5116-7498-2

Ⅰ.Q532

中国国家版本馆CIP数据核字第2025EJ4847号

责任编辑　张国锋
责任校对　李向荣
责任印制　姜义伟　王思文

出 版 者	中国农业科学技术出版社
	北京市中关村南大街 12 号　邮编：100081
电　　话	（010）82109705（编辑室）（010）82106624（发行部）
	（010）82109709（读者服务部）
网　　址	https://castp.caas.cn
经 销 者	各地新华书店
印 刷 者	北京科信印刷有限公司
开　　本	148 mm×210 mm　1/32
印　　张	6.25
字　　数	150 千字
版　　次	2025 年 8 月第 1 版　2025 年 8 月第 1 次印刷
定　　价	60.00 元

◆版权所有·侵权必究◆